Diana Feidt

Variabilität und Induzierbarkeit von Cytochrom P450 Monooxygenasen

Diana Feidt

Variabilität und Induzierbarkeit von Cytochrom P450 Monooxygenasen

in humanen Leberproben und Hepatozyten: Untersuchungen mittels LC-MS/MS Cocktail-Assay und RNA-Interferenz

Südwestdeutscher Verlag für Hochschulschriften

Impressum/Imprint (nur für Deutschland/ only for Germany)
Bibliografische Information der Deutschen Nationalbibliothek: Die Deutsche Nationalbibliothek verzeichnet diese Publikation in der Deutschen Nationalbibliografie; detaillierte bibliografische Daten sind im Internet über http://dnb.d-nb.de abrufbar.
 Alle in diesem Buch genannten Marken und Produktnamen unterliegen warenzeichen-, marken- oder patentrechtlichem Schutz bzw. sind Warenzeichen oder eingetragene Warenzeichen der jeweiligen Inhaber. Die Wiedergabe von Marken, Produktnamen, Gebrauchsnamen, Handelsnamen, Warenbezeichnungen u.s.w. in diesem Werk berechtigt auch ohne besondere Kennzeichnung nicht zu der Annahme, dass solche Namen im Sinne der Warenzeichen- und Markenschutzgesetzgebung als frei zu betrachten wären und daher von jedermann benutzt werden dürften.

Verlag: Südwestdeutscher Verlag für Hochschulschriften GmbH & Co. KG
Dudweiler Landstr. 99, 66123 Saarbrücken, Deutschland
Telefon +49 681 37 20 271-1, Telefax +49 681 37 20 271-0
Email: info@svh-verlag.de
Zugl.: Stuttgart, Universität Hohenheim, Diss., 2010

Herstellung in Deutschland:
Schaltungsdienst Lange o.H.G., Berlin
Books on Demand GmbH, Norderstedt
Reha GmbH, Saarbrücken
Amazon Distribution GmbH, Leipzig
ISBN: 978-3-8381-2397-4

Imprint (only for USA, GB)
Bibliographic information published by the Deutsche Nationalbibliothek: The Deutsche Nationalbibliothek lists this publication in the Deutsche Nationalbibliografie; detailed bibliographic data are available in the Internet at http://dnb.d-nb.de.
 Any brand names and product names mentioned in this book are subject to trademark, brand or patent protection and are trademarks or registered trademarks of their respective holders. The use of brand names, product names, common names, trade names, product descriptions etc. even without a particular marking in this works is in no way to be construed to mean that such names may be regarded as unrestricted in respect of trademark and brand protection legislation and could thus be used by anyone.

Publisher: Südwestdeutscher Verlag für Hochschulschriften GmbH & Co. KG
Dudweiler Landstr. 99, 66123 Saarbrücken, Germany
Phone +49 681 37 20 271-1, Fax +49 681 37 20 271-0
Email: info@svh-verlag.de

Printed in the U.S.A.
Printed in the U.K. by (see last page)
ISBN: 978-3-8381-2397-4

Copyright © 2011 by the author and Südwestdeutscher Verlag für Hochschulschriften GmbH & Co. KG and licensors
All rights reserved. Saarbrücken 2011

Für meine Eltern

Inhaltsverzeichnis

Abkürzungsverzeichnis

Zusammenfassung

1. Einleitung 1
　1.1　Arzneistoffmetabolismus 1
　　1.1.1　Cytochrom P450 Enzyme (CYPs) 3
　　1.1.2　Funktion und Mechanismus des Cytochrom P450 Enzymsystems 4
　　1.1.3　POR und weitere potentielle Elektronendonator-Proteine für die Reaktion der P450 Enzyme 6
　　1.1.4　CYP Cocktail-Assay zum Nachweis von P450 Aktivitäten 9
　1.2　RNA-Interferenz 9
　　1.2.1　Mechanismus der RNAi 11
　　1.2.2　Experimentelle Durchführung und Anwendungsmöglichkeiten der RNAi ... 13
　1.3　P450 Enzyme in humanen Hepatozyten und anderen Zellsystemen 15
　1.4　Zielsetzung der Arbeit 17

2. Ergebnisse 19
　2.1　Entwicklung eines neuen P450 Cocktail-Assays 19
　　2.1.1　Verwendung primärer humaner Hepatozyten 22
　　2.1.2　P450 Aktivitäten in kultivierten humanen Hepatozyten 23
　2.2　Induktion der CYP-Aktivitäten durch Statine und prototypische Induktoren ... 25
　　2.2.1　Induktion der CYP mRNA durch Statine und prototypische Induktoren ... 28
　2.3　Untersuchung der P450 Aktivität mittels RNA-Interferenz: Strategie und Zielgene 31
　2.4　siRNA Transfektionseffizienz und POR Knock-Down in HepG2 Zellen 32
　2.5　siRNA Transfektionseffizienz und POR Knock-Down in humanen Hepatozyten 34
　2.6　HepaRG Zellen als potentielle Alternative für humane Hepatozyten 36
　　2.6.1　Charakterisierung der HepaRG Zelllinie 37
　　2.6.2　siRNA Transfektionseffizienz und POR Knock-Down in HepaRG Zellen 40
　2.7　Produktion lentiviraler Partikel 41
　　2.7.1　Aufkonzentrierung der Viruspartikel 43
　　2.7.2　Titerbestimmung in HT1080 Zellen 44
　2.8　Infektion mit lentiviralen Partikeln 45
　　2.8.1　HepG2 Zellen 45
　　2.8.2　Humane Hepatozyten-Vorversuche 47
　　2.8.3　Infektionsfähigkeit der viralen Partikel 51
　　2.8.4　Zusammenfassung der Erfahrungen aus den Vorversuchen mit den humanen Hepatozyten 52
　2.9　Infektion und Knock-Down Experimente in humanen Hepatozyten 53

2.9.1 Kontrollen: Einfluss der Virusinfektion und der Non-targeting shRNAs auf die Genexpression in humanen Hepatozyten 55
2.9.2 Unterschiedliche Infektionsfähigkeit der verschiedenen Viruschargen 57
2.9.3 POR Knock-Down in humanen Hepatozyten 59
2.9.4 Knock-Down von Cytochrom b5, PGRMC1 und PGRMC 2 in humanen Hepatozyten 64

3. Diskussion 67
3.1 Atorvastatin als neue selektive Probe-drug für CYP3A4 und Etablierung des Cocktail-Assays 67
3.2 Induktion der P450 Enzyme durch Statine 69
3.3 Etablierung der lentiviralen RNA-Interferenz in humanen Hepatozyten 71
3.4 RNA-Interferenz als Methode zur Untersuchung der P450 Aktivität 78
3.5 Zusammenfassung Cocktail-Assay 80

4. Material und Methoden 81
4.1 Material 81
4.1.1 Chemikalien 81
4.1.2 Lösungen und Puffer 82
4.1.3 Reagenzien, Kits und Bakterienstämme 84
4.1.4 Restriktionsenzyme 84
4.1.5 Verwendete Oligonukleotide (si/shRNAs) 85
4.1.6 Primäre humane Hepatozyten 87
4.1.7 Lebermikrosomenpool 88
4.1.8 Software, Geräte und Verbrauchsmaterialien 88

4.2 Methoden 90
4.2.1 Analytische Methoden 90
4.2.1.1 Quantifizierung der CYP-Aktivitäten 90
4.2.1.2 Stammlösungen und Kalibrierproben 90
4.2.1.3 Auswertung analytischer Messungen 93
4.2.1.4 LC-MS/MS Parameter 93
4.2.1.5 Nachweis der POR Aktivität mittels „Cytochrom c Reduktase Assay" 95

4.2.2 Zellbiologische Methoden 97
4.2.2.1 Verwendete Zelllinien und Kultivierung 97
4.2.2.2 Verwendete Zellkulturmedien 99
4.2.2.3 Magnetbasierte Transfektion (MATra: Magnet Assisted Transfection) 100
4.2.2.4 Infektion humaner Hepatozyten mit Lentiviren 101
4.2.2.5 Bestimmung der Transfektions- und Transduktionseffizienz mittels FACS Analyse (Fluorescence Activated Cell Sorting) 101
4.2.2.6 Bestimmung der P450 Enzymaktivitäten mittels Cocktail-Assay in primären Hepatozyten und Lebermikrosomenpool 102
4.2.2.7 Induktion humaner Hepatozyten 104
4.2.2.8 Produktion lentiviraler Partikel 104
4.2.2.9 Bestimmung des Virustiters in HT-1080 Zellen 109

4.2.3	Molekularbiologische Methoden	110
4.2.3.1	RNA Isolierung und Aufreinigung	110
4.2.3.2	Reverse Transkription (cDNA Synthese) und Real time PCR (Taq Man)	111
4.2.3.3	Relative Quantifizierung der TaqMan PCR	113
4.2.3.4	Aufarbeitung für die Proteinanalyse	117
4.2.3.5	Proteinbestimmung nach Bradford	117
4.2.3.6	Nachweis von Proteinen im Western Blot	117

5. Literaturverzeichnis **121**

6. Anhang **129**

6.1 SOP 01-00:
»Isolierung primärer humaner Hepatozyten aus Lebergewebe einer Leber-Teilresektion« 129

6.2 SOP 02-00:
»Aussäen von primären humanen Hepatozyten« 140

6.3 SOP 03 - 00
»Versenden von primären humanen Hepatozyten« 147

Danksagung

Inhaltsverzeichnis

Abkürzungsverzeichnis

ACN:	Acetonitril
AT:	Atorvastatin
bp:	Basenpaare
BSA:	Bovine Serum Albumin
CAR:	Constitutive Active Receptor
dsRNA:	Double strand RNA
eGFP:	»Enhanced Green Fluorescence Protein«
FACS:	Fluorescence Activated Cell Sorting
GR:	Glucocorticoid Receptor
HLM:	Humane Lebermikrosomen
HH:	Humane Hepatozyten
HNF4α:	Hepatocyte nuclear factor 4 alpha
KD:	Knock Down
LC-MS/MS:	Liquid Chromatography Tandem Mass Spectrometry
MOI:	Multiplicity of Infection
MRM Mode:	Multiple Reaction Monitoring Mode
NADPH:	Nicotinamidadenindinukleotidphosphat
NMI:	Naturwissenschaftliches-medizinisches Institut Reutlingen
PB:	Phenobarbital
PBS:	Phosphate Buffered Saline
PCR:	Polymerase-Kettenreaktion
PEG:	Polyethylenglykol
PGRMC1/2:	Progesteronrezeptormembrankomponente 1 bzw. 2
POR:	Cytochrom P450 NADPH Oxidoreduktase
Pra:	Pravastatin
PXR:	Pregnane X Receptor
RIF:	Rifampicin
RNAi:	RNA-Interferenz
Ro:	Rosuvastatin
RT-PCR:	Real Time PCR
SDS-PAGE:	Sodium dodecylsulfate polyacrylamide gel electrophoresis (Natriumdodecylsulfat-Polyacrylamidgelelektrophorese)
Si:	Simvastatin
SOP:	Standardarbeitsanweisung (Standard Operation Procedure)
TBS-T:	TBS-Puffer mit 0,1% Tween20
TE:	Transfektions-Effizienz
TU:	Transfection Unit
u.c.:	Untreated cells (unbehandelte Zellen)

Zusammenfassung

Die Variabilität der Expression und Funktion der P450 Enzyme (CYPs) ist eine der Ursachen dafür, dass bei gleicher Dosierung eines Medikaments Intensität und Dauer von Wirkungen und Nebenwirkungen von Patient zu Patient unterschiedlich sein können. Diese interindividuelle Variabilität der Enzyme lässt sich heute noch nicht lückenlos erklären. Prinzipiell können biologische Faktoren (z.B. Alter, Geschlecht, Hormonstatus), Umweltfaktoren (Ernährung, Rauchen, Arzneimittelinteraktionen) sowie genetische Faktoren, z.B. Polymorphismen, Enzymfunktionen beeinflussen.

Um dieser Problematik nachgehen zu können und auf Aktivitätsebene relativ schnell und einfach Unterschiede nachzuweisen, wurde ein LC-MS/MS basierter P450 Cocktail-Assay zur Quantifizierung der sieben wichtigsten Enzymaktivitäten für den Arzneistoffwechsel entwickelt und in humanen Hepatozyten etabliert.

Am Beispiel der Arzneistoffgruppe der HMG-CoA Reduktasehemmer (Statine) wurden Untersuchungen der Cytochrom P450 Enzyme durch zeitabhängige Enzyminduktionsprofile mittels Cocktail-Assay und mRNA-Expression gemessen. Das CYP2C8 wurde als neues, von Statinen stark induziertes P450 Enzym identifiziert. Es wurde eine bis zu 20-fache Zunahme der Aktivität durch Atorvastatin und eine ~10-fache Zunahme durch Simvastatin- und Lovastatinbehandlung nachgewiesen. Die Enzyme CYP3A4, CYP2B6 und CYP2C9 zeigten geringere, aber auch deutliche Aktivitätssteigerungen durch die Behandlung mit Atorvastatin und Simvastatin (4 bis 11-fach). Lovastatin und Rosuvastatin hatten geringere Effekte.

Die Expression der mRNA entsprach weitestgehend den Beobachtungen der Aktivitäten, wobei jedoch die Auswirkungen dynamischer und drastischer mit wesentlich höheren Induktionsleveln ausfielen.

Die Ergebnisse deuten auf einen stärkeren Einfluss der Behandlung mit Statinen auf P450 Expression und Aktivität hin, als bisher angenommen. Dies könnte besonders für die Co-Medikation mit anderen über CYP2C8 metabolisierten Arzneistoffen von entscheidender Bedeutung sein.

Aufgrund von Korrelationsanalysen der P450 Enzymaktivitäten zu ihrem spezifischen Proteingehalt in humanen Leberproben (Leberbank am IKP) wurden unterschiedliche Ergebnisse hinsichtlich der Funktion einzelner CYP-Enzyme beobachtet. Manche CYP-Enzyme, wie z.B. CYP3A4 mit der Hydroxylierung von Atorvastatin oder CYP1A2 mit der Bildung von Acetaminophen zeigten sehr gute Korrelationen. Andere Enzyme wie z.B. CYP2C9 mit dem spezifischen Substrat Diclofenac, korrelierten wesentlich schlechter.

Zusammenfassung

Diese Unterschiede könnten neben biologischen Faktoren und Umwelteinflüssen mit Variabilität in den Enzymen NADPH:P450 Oxidoreduktase (POR), Cytochrom b_5 oder den beiden Progesteronrezeptor-Membrankomponenten PGRMC1 und PGRMC2 zusammenhängen. Denn als potentielle Elektronendonatoren der CYP-Enzyme wären diese maßgeblich am Metabolismus von Xenobiotika beteiligt.
Zur Untersuchung, welchen Einfluss die Elektronendonator-Proteine auf die Aktivität der CYP-Enzyme haben, wurde die Technik einer lentiviral basierten RNA-Interferenz (RNAi) für diese Gene in primären humanen Hepatozyten entwickelt und die P450 Aktivitäten mittels Cocktail-Assay nach dem »Knock-Down« dieser Gene bestimmt.
Für die P450 Reduktase wurde ein erfolgreiches »Gene Silencing« von durchschnittlich 85% auf mRNA-Ebene erzielt. Die Expression von Cytochrom b_5 wurde um 51% reduziert, PGRMC1 um ca. 30%. Für PGRMC2 konnte bisher kein signifikanter »Knock-Down« nachgewiesen werden.
Nach dem »Silencing« der Reduktase wurde für die P450 Enzymaktivitäten nach 4 Tagen durchschnittlich ein leichter Rückgang von ca. 10-30% beobachtet. Nach einer Zeitdauer von 7 Tagen wurde für das CYP3A4 im Vergleich zur Kontrolle nur noch eine Restaktivität von ungefähr 5% detektiert.
Für die beiden anderen potentiellen Elektronendonatoren Cytochrom b_5 und PGRMC1 wurde entsprechend eine um 85% bzw. 75% reduzierte CYP3A4 Aktivität nachgewiesen.
Diese ersten Ergebnisse sprechen deutlich für eine Interaktion der Enzyme POR, Cytochrom b_5 und PGRMC1 mit den Arzneistoff metabolisierenden P450 Enzymen.

SUMMARY

The variability of the expression and function of the P450 enzymes (CYPs) is a cause for having different intensities and lengths of effects as well as side effects when patients are given the same dosage of medication. Up to this day, one cannot allover explain this inter individual variability of expression and activity of the enzymes. In general, there are several factors that may affect the variability, including biological factors (such us age, gender, hormonal status), environmental factors (such as nutrition, smoking, medication) as well as genetic factors like polymorphisms

In order to solve this problem and to analyze relatively easy and fast activity differences, we developed an LC-MS/MS based P450 activity cocktail assay to quantify and detect simultaneously the seven most important CYPs as judged by their roles in the metabolism of clinically used drugs. The assay was established for use in in human hepatocytes as well as in recombinant and microsomal enzymes.

We used the newly developed model-substrate cocktail assay to analyze the time-dependent induction of seven drug metabolizing cytochrome P450 activities as response to treatment of primary human hepatocytes with different statins.

The strongest induction was observed for amodiaquine N-desalkylation of CYP2C8, which was induced up to 20-fold by atorvastatin and approximately 10-fold by simvastatin and lovastatin. Enzymes CYP3A4, CYP2B6 and 2C9 showed lower, but also significant induction after treatment with atorvastatin and simvastatin (4-11-fold). lovastatin and rosuvastatin demonstrated minor effects.

Quantitative RT-PCR confirmed corresponding changes on the mRNA level with even more dramatic induction up to almost 100-fold.

These data suggest a broader inducing effect of statins on cytochrome P450 expression and activity than previously known, thus further emphasizing their drug-drug interaction potential, especially for CYP2C8.

Based on correlation analysis with P450 enzyme activity to their specific protein amount in human liver samples (liverbank IKP) were different functional results observed. Enzymes like CYP3A4 with atorvastatin hydroxylation or CYP1A2 with formation of acetaminophen showed very good correlations. Others like i.e. CYP2C9 with specific substrate diclofenac correlated much lower.

Besides biological and environmental factors could these differences based on variability of the enzymes NADPH:P450 oxidoreductase (POR), cytochrome b_5 or the two progesterone receptor-membrane components PGRMC1 and PGRMC2. After all, they would take active part in the metabolism of the xenobiotica as possible electron donors of the CYP enzymes.

In order to analyze what kind of influence these proteins have on CYP enzyme activity, we developed a lentiviral based RNA-interference (RNAi) method in human hepatocytes and determined P450 activity with cocktail-assay after knocking down these genes.

For the P450 reductase, we achieved a successful gene silencing of about 85% on mRNA level. The expression of cytochrome b_5 was reduced by 51%, PGRMC1 about 30%. So far, it has not been possible to prove a significant knock down of PGRMC2.

After silencing of reductase, an average light decline of about 10-30% of P450 enzyme activities was observed after 4 days. After a period of 7 days, a rest activity of CYP3A4 of only about 5% was detected. For both other potential electron donators cytochrome b_5 and PGRMC1 was a reduced activity of 85% and 75% determined.

These first results indicate a clear interaction of the enzymes POR, cytochrome b_5 and PGRMC1 with the drug metabolizing enzymes.

Zusammenfassung

1. Einleitung

1.1 Arzneistoffmetabolismus

Eine Ursache dafür, dass bei gleicher Dosierung eines Medikaments Intensität und Dauer von Wirkungen und Nebenwirkungen von Patient zu Patient unterschiedlich sein können, ist die Variabilität der Expression und Funktion der Cytochrom P450 (CYP) Enzyme. Diese interindividuelle Variabilität der Reaktion auf Arzneimittel stellt ein großes Problem der Pharmakotherapie dar. Ein wesentlicher Faktor hierfür sind die Biotransformationen, die durch die CYP-Enzyme gesteuert werden und zu aktiven, inaktiven oder toxischen Metaboliten führen können.
Durch den Arzneimittelmetabolismus wandelt der Organismus die meist lipophilen Pharmaka zunächst in wasserlösliche, nicht wieder resorbierbare Metabolite um, so dass sie über die Niere oder den Darm ausgeschieden werden können (Abbildung 1). Lipophile oral verabreichte Substanzen werden aus dem Dünndarm in die Pfortader resorbiert und dann in die Leber transportiert, in der sie metabolisiert werden.

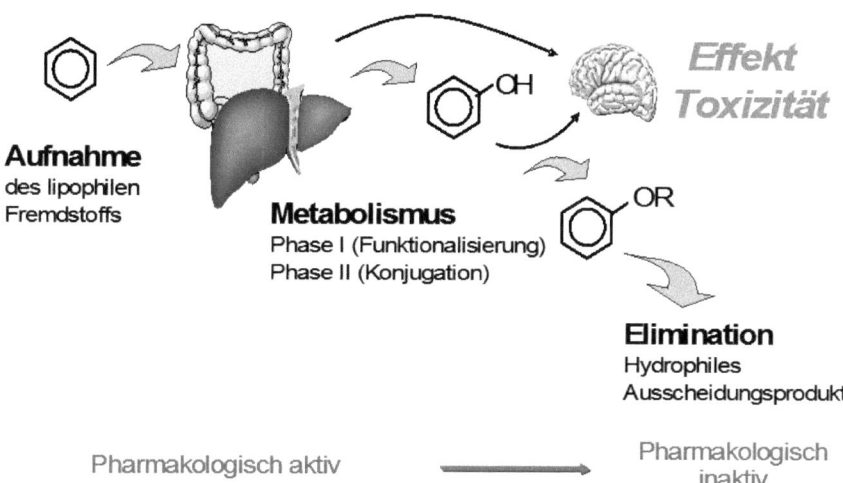

Abbildung 1: Fremdstoffmetabolismus
In der Leber werden große und lipophile Fremdstoffe von Xenobiotika abbauenden Enzymen durch Phase I- und Phase II Reaktionen wasserlöslich gemacht und ausgeschieden. Fremdstoffe können als Muttersubstanz oder Metabolit pharmakologisch aktiv sein.

1. Einleitung

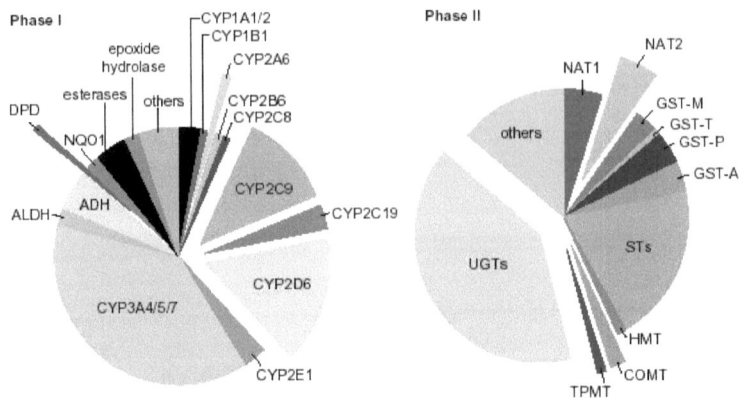

Abbildung 2: Enzyme, die Phase I - und Phase II - Metabolismus katalysieren (Evans and Relling, 1999)
Die Größe der Kreisausschnitte zeigt den relativen Anteil, wie viele Arzneimittel durch das entsprechende Enzym verstoffwechselt werden.
ADH: Alkoholdehydrogenase; ALDH: Aldehyddehydrogenase; CYP: Cytochrom P450
DPD: Dihydropyrimidin-Dehydrogenase; NQO1: NADPH: Quinon Oxidoreduktasen
COMT: Catechol O-Methyltransferasen; GST: Glutathion S-transferasen
HMT: Histamine Methyltransferasen; NAT: N-Acetyltransferasen; SULTs: Sulfotransferasen; TPMT: Thiopurinmethyltransferasen; UGTs: Uridin-diphosphoglucuronosyltransferasen

Man teilt die vielfältigen Biotransformationsreaktionen in zwei Klassen ein: die Phase I- und Phase II Reaktionen.
In der Phase I wird der Arzneistoff durch Oxidation, Reduktion oder Hydrolyse funktionalisiert, das heißt es werden funktionelle Gruppen eingeführt oder freigelegt. Hier spielen meist die Oxidationsreaktionen eine wichtige Rolle. Für die Phase I Reaktionen sind hauptsächlich die Cytochrom P450 Enzyme verantwortlich. Weitere zur Phase I gezählten Enzyme sind die mikrosomale Epoxidhydrolase, die Alkoholdehydrogenase und die Aldehyddehydrogenase (Abbildung 2).
Die Phase II Reaktionen sind Konjugationsreaktionen. Eine große Bedeutung haben hier die Glucuronosyltransferasen (UGTs), die wichtige Funktionen übernehmen. Diese übertragen Glucuronsäure auf meist in der Phase I gebildeten Hydroxylgruppen des Substrats, wodurch ein sehr wasserlösliches Konjugat gebildet wird. Weitere Phase II Reaktionen sind die N-Acetylierung, die Methylierung und die Sulfonierung (Abbildung 2).

1. Einleitung

1.1.1 Cytochrom P450 Enzyme (CYPs)

Bei den CYP-Enzymen handelt es sich um ubiquitäre Hämproteine, die in Bakterien, Pflanzen und Tieren vorkommen. Sie bestehen immer aus einer einzelnen Polypeptidkette von etwa 400-500 Aminosäuren und einer prosthetischen Hämgruppe. In Hefen und in höheren Lebewesen sind diese stets membrangebunden, entweder an der inneren Membran von Mitochondrien oder an der Membran des endoplasmatischen Reticulums (ER).

Den Namen P450 Enzyme tragen die Isoenzyme aufgrund einer speziellen spektralen Eigenschaft. Im sogenannten „reduzierten CO-Differenzspektrum" zeigt sich bei der Bindung von Kohlenmonoxid an das Eisen der Hämgruppe ein scharfes Absorptionsmaximum bei 450 nm.

Enzymatisch gesehen gehören die CYP-Enzyme zur Klasse der Monooxygenasen. Diese benutzen molekularen Sauerstoff zur Oxidation und übertragen dabei ein Sauerstoffatom auf das Substrat, welches dadurch oxidiert wird und eine neue funktionelle Gruppe erhält.

Bei höheren Lebewesen klassifiziert man die CYP-Enzyme in solche, die bevorzugt endogene Substanzen (Steroide, Prostaglandine, Fettsäuren) und solche, die Fremdstoffe (Xenobiotika) als Substrat akzeptieren. Einer internationalen Nomenklatur zufolge werden die Fremdstoff metabolisierenden Enzyme in die Familien CYP1 bis CYP3 eingeteilt, die der endogenen Substanzen in CYP4 bis CYP51 (Nelson et al., 1996).

Beim Menschen befindet sich der Hauptteil der Xenobiotika abbauenden CYP-Enzyme in der Leber, während Organe wie Magen, Dünndarm, Niere und Lunge im Allgemeinen geringere Mengen enthalten (von Richter, 2000).

Es sind derzeit 57 verschiedene humane CYP-Enzyme beschrieben (http://drnelson.uthsc.edu/CytochromeP450.html). Ca. 15 von ihnen sind maßgeblich am Arzneimittelmetabolismus des Menschen beteiligt. Wie in Abbildung 2 zu sehen ist, werden etwa 75-80% aller Phase I Reaktionen von den CYPs der Familie 1-3 umgesetzt. Vor allem das CYP3A4 ist mit mehr als 30% am Metabolismus vieler Arzneimittel (z.B. Verapamil, Nifedipin, Tamoxifen, ...) beteiligt. Aber auch das CYP2D6 macht einen relativ großen Anteil der Phase I Reaktionen aus. Dargestellt ist der Anteil von Arzneimitteln, die von den jeweiligen CYPs metabolisiert werden.

Der mittlere relative Gehalt der Fremdstoff metabolisierenden CYP-Enzyme in humaner Leber ist in Abbildung 3 (IKP AG Zanger, 2009 unveröffentlicht) zu sehen. Die Enzyme der Gruppe CYP3A und CYP2C machen zusammen deutlich über die Hälfte der relativen Expression aller Cytochrom P450 Enzyme aus. Daher spielen diese Enzyme, vor allem aber CYP3A4, eine große Rolle bei der Metabolisierung von

1. Einleitung

Arzneistoffen. Die Enzyme CYP1A2 und CYP2E1 werden auch relativ stark exprimiert (14 und 12%). Bemerkenswert ist, dass CYP2D6 einen recht großen Anteil aller Arzneistoffe verstoffwechselt, obwohl es einen nur geringen Beitrag von ~6% vom CYP-Gehalt der Leber ausmacht (vergleiche Abbildung 2, Abbildung 3).
Aus diesen Gründen sind besonders die Isoenzyme CYP3A4 und CYP2D6 sehr relevant für die Arzneimittelmetabolisierung.

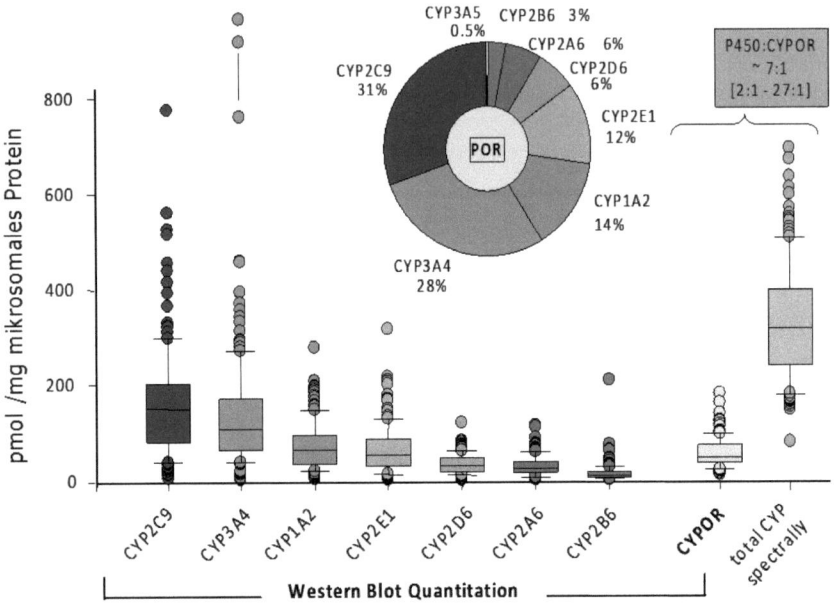

Abbildung 3: Relative P450 Expression in der Leber.
Die Abbildung zeigt die variable Proteinexpression der CYPs und der P450 Reduktase (CYPOR) in 150 humanen Leberproben (2009). Außerdem ist das Verhältnis des gesamten P450 Gehaltes (spektral bestimmt) zur Reduktase angegeben.

1.1.2 Funktion und Mechanismus des Cytochrom P450 Enzymsystems

Die Fremdstoff metabolisierenden CYP-Enzyme weisen stark unterschiedliche Substratspezifitäten auf und können teilweise viele verschiedene Substrate umsetzen.

Der Reaktionszyklus der CYP-Isoenzyme läßt sich vereinfacht so darstellen:

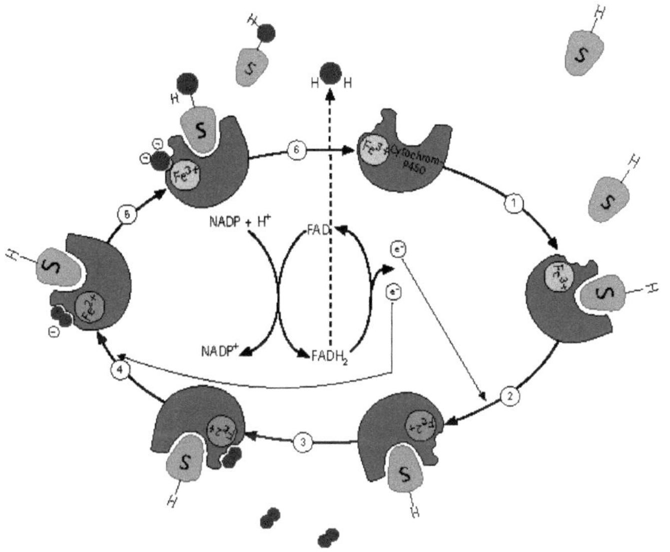

Abbildung 4: Vereinfachter Mechanismus der Hydroxylierung eines Substrates durch das P450 System in der Leber.
www.gynehormonweb.de/WebSite/A12_Biotransformation/ (2006)

Das Eisen der prosthetischen Hämgruppe im Enzym befindet sich im Ruhezustand in der Oxidationsstufe 3^+ (Schritt 1, Abbildung 4).
Nach der Bindung eines Substrates wird das Enzym im Schritt 2 (Abbildung 4) von der NADPH:P450 Oxidoreduktase (POR) durch ein Elektron, welches ursprünglich von NADPH stammt, zu Fe^{2+} reduziert. Anschließend wird im Schritt 3 (Abbildung 4) molekularer Sauerstoff angelagert. Durch die Aufnahme eines weiteren Elektrons (Schritt 4, Abbildung 4) bekommt der Sauerstoff eine negative Ladung und es entsteht ein Peroxidradikalanion. Dieses entzieht dem Eisen-Ion wiederum ein Elektron, so dass dieses zu Eisen 3^+ oxidiert wird. Es kommt nun zu einer internen Sauerstoffumlagerung, wobei das Substrat oxidiert wird (Schritt 5, Abbildung 4). Unter Wasserabspaltung und Dissoziation des hydroxylierten Substrat-Enzym-Komplexes im Schritt 6 (Abbildung 4) liegt das P450 Cytochrom wieder in seiner regenerierten Eisen 3^+- Form vor und der Kreislauf kann von neuem beginnen.

1. Einleitung

1.1.3 POR und weitere potentielle Elektronendonator-Proteine für die Reaktion der P450 Enzyme

Die Monooxygenase-Aktivität der CYP-Enzyme hängt entscheidend von der Elektronenübertragung vom NADPH auf die Hämgruppe ab. Diese wird bei mikrosomalen CYP-Enzymen hauptsächlich durch die P450 Reduktase (Abbildung 5) und bei mitochondrialen Enzymen durch Adrenodoxin und Adrenodoxin-Reduktase katalysiert.
Bei der Verstoffwechselung durch die CYP-Enzyme wird zweimal aufeinander folgend ein einzelnes Elektron von der POR auf das CYP-Enzym übertragen (Abbildung 4). POR zählt zur Gruppe der Flavoproteine, ist 76,7 kDa groß, und besitzt als prosthetische Gruppe ein FMN (Flavin-Mono-Nukleotid) und ein FAD (Flavin-Adenin-Dinukleotid), die Elektronen ausgehend von NADPH weitergeben. Beide Enzyme, die Reduktase und das CYP-Enzym, befinden sich im endoplasmatischen Retikulum (ER). Da die P450 Reduktase in vivo jedoch ein ca. 5-20 fach geringeres Expressionslevel, als die CYPs besitzt und somit in unterstöchiometrischer Menge (CYP_{gesamt}/POR beträgt ~7, Abbildung 3) vorliegt, kann man eine Konkurrenzsituation um den Elektronendonator annehmen. Allerdings wurde eine Limitierung des Elektronentransfers zu den P450 Enzymen (in Mikrosomen) nur für schnell ablaufende Reaktionen beschrieben (Guengerich et al.,1988). Korrelationsdaten der Leberbank konnten zeigen, dass die Aktivität mancher CYPs, wie beispielsweise dem CYP3A4, mit der Aktivität der POR in der Leber korrelieren, andere wie z.b. CYP2C19 jedoch nicht (Gomes et al., 2009). Zudem wurden für POR auch regulatorische Auswirkungen auf die CYP-Enzyme nachgewiesen; so soll POR z.B. die Aktivität der Häm-Oxygenase steigern können, die wiederum den Anteil der CYP-Holoproteine senken kann (Ding et al., 2001).
Als weiteres Protein kann das ubiquitär auftretende Cytochrom b_5 ebenfalls Elektronen auf P450 Enzyme übertragen, wobei es allerdings nur das zweite Elektron in den katalytischen Zyklus einbringen kann (Yamazaki et al., 2001). In rekombinanten Systemen ist durch dieses Redoxprotein eine bis zu 10-fach erhöhte Substratumsetzung bei verschiedenen CYP-Enzymen beobachtet worden, als in Zellen denen nur POR als Elektronendonator zur Verfügung stand (Yamazaki et al., 2002). Jedoch ist diese Aktivitätssteigerung im Allgemeinen substrat- und enzymabhängig. Beim Enzym CYP2B6 konnte z.B. für das Substrat S-Mephenytoin und die Bildung von Nirvanol eine deutliche Aktivitätszunahme verzeichnet werden, hingegen die Formation von 3-Methoxymorphinan (Dextromethorphan) bei Zugabe von Cytochrom b_5 über die Hälfte abnahm (Persönliche Mitteilung, IKP AG Zanger, 2007 nicht publiziert).

Der mögliche Einfluss der POR und des Cytochrom b_5 auf den Arzneistoffmetabolismus ist jedoch weitgehend ungeklärt. Es ist davon auszugehen, dass Schwankungen in der Expression Auswirkungen auf einzelne CYP-Aktivitäten haben. Wie stark dieser Einfluss ist und ob er sich auf alle CYP-Enzyme und deren Substrate gleich auswirkt, ist jedoch unbekannt.

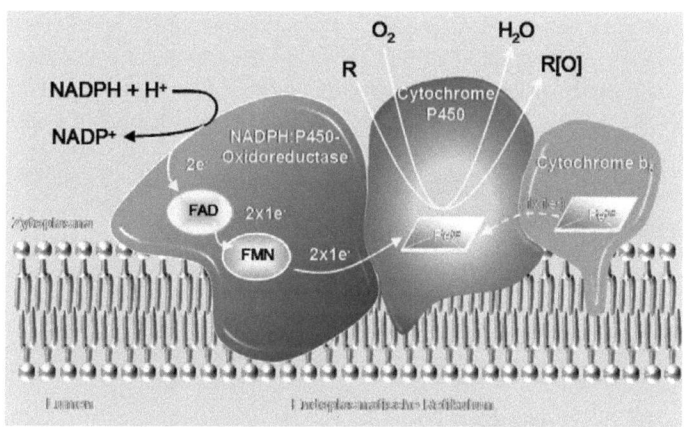

Abbildung 5: Mikrosomales P450 Monooxygenase-Systems.
NADPH P450 Reduktase als Elektronendonator und Cytochrom b_5 als potentieller Elektrondonator für CYP450 Enzyme bei der Umsetzung eines Substrates.
Quelle: modifiziert nach Eichelbaum M. und Schwab M., »Allgemeine und spezielle Pharmakologie und Toxikologie«

Neben den beiden Proteinen POR und Cytochrom b_5 stehen seit einiger Zeit noch die beiden humanen Progesteronrezeptor-Membrankomponenten PGRMC1 und PGRMC2 als potentielle Elektronendonatoren im Raum (DeBose-Boyd et al., 2007; Hughes et al., 2007). Erste Erkenntnisse über PGRMC1 bzw. das homologe Protein Dap1 wurden in Hefen gewonnen. Hier konnte eine positive Regulation der Enzyme CYP51A1 und CYP61A1, die in der Sterol Biosynthese eine Rolle spielen, beobachtet werden (Hughes et al., 2007).

Das humane PGRMC1 ist ein 22 kDa großes im endoplasmatischem Retikulum membrangebundenes Protein, welches ähnlich wie Cytochrom b_5 eine Häm bindende Domäne aufweist. Es wurde gezeigt, dass es fest an das Hämprotein der CYPs 51A1 und drei weitere CYPs unter anderem CYP3A4 bindet (Rohe et al., 2009). Nach RNA-Interferenz Knock-Down von PGRMC1 in HEK293 Zellen wurde eine verminderte CYP51A1 Aktivität und Cholesterinsynthese festgestellt (Hughes et al., 2007). Das höchste Expressionslevel für PGRMC1 wurde in der Leber und den Nebennieren nachgewiesen (Mourot et al., 2006).

1. Einleitung

PGRMC2 ist ein verwandtes Enzym zum PGRMC1, über dessen Funktion bisher noch relativ wenig bekannt ist (Rohe et al., 2009). Es besitzt ebenfalls eine Häm/Steroid bindende Domäne und konnte in Leber und Nebennieren nachgewiesen werden (Peluso et al., 2008).

Ein möglicher Einfluss dieser weiteren potentiellen Elektronendonator-Proteine auf die Aktivität fremdstoffmetabolisierender CYP-Enzyme wurde bisher nicht untersucht. Jedoch ist durch ihre Lokalisierung in der ER-Membran eine räumliche Nähe zu dem mikrosomalen P450 Monooxygenase-System gegeben und daher auch eine Interaktion mit eventuell weiteren CYPs möglich.

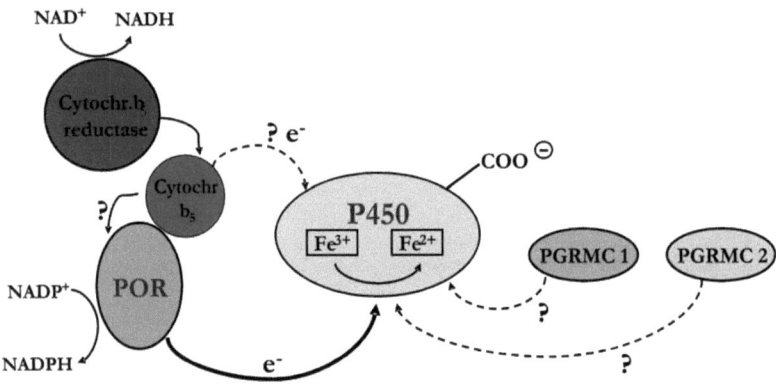

Abbildung 6: Einfluss verschiedener potentieller Monooxygenase-Reaktionspartner auf die P450 Enzymaktivität. (eigene Abbildung)

Eine Möglichkeit, den Einfluss dieser potentiellen Elektronendonator-Proteine experimentell zu untersuchen, wäre ein künstlich erzeugtes »Gene Silencing« dieser Proteine und anschließender Untersuchung der P450 Aktivitäten. Die verschiedenen Gene könnten mittels RNA-Interferenz (RNAi) herunterreguliert und der Umsatz verschiedener spezifischer P450 Substrate gemessen werden.

1. Einleitung

1.1.4 CYP Cocktail-Assay zum Nachweis von P450 Aktivitäten

Um die für den Arzneistoffwechsel wichtigsten P450 Aktivitäten schnell und effizient messen zu können, wurde ein sogenannter CYP Cocktail-Assay entwickelt, der die meisten selektiven, phänotypischen Reaktionen von Arzneistoffen in einer Messung erfassen kann. Der Assay umfasst die Aktivitäten der sieben P450 Enzyme CYP1A2, CYP2B6, CYP2C8, CYP2C9, CYP2C19, CYP2D6 und CYP3A4 mit spezifischen Substraten (Phenacetin, Bupropion, Amodiaquin, Tolbutamid, S-Mephenytoin, Propafenon und Atorvastatin) und soll in primären humanen Hepatozyten zur Anwendung kommen.
Da diese als wertvolle Ressource, meist limitierend und für viele Forscher oder auch Pharmafirmen schwierig zu bekommen sind, ist es zwingend notwendig, eine technisch sehr ausgereifte und etablierte analytische Messmethode zu verwenden, aus der so viele Informationen wie möglich von jedem Experiment gewonnen werden können.
Aus dieser Sichtweise ist ein sogenannter Cocktail-Assay, indem mehrere Enzymaktivitäten gleichzeitig mittels Flüssigkeitschromatographie und Tandem-Massenspektometrie Kopplung bestimmt werden können, sehr hilfreich. Obwohl in den vergangenen Jahren schon eine Vielzahl solcher Assays publiziert wurde, (Dierks et al., 2001; Weaver et al., 2003; Testino et al., 2003; Kim et al., 2005; Tolonen et al., 2007; Lahoz et al., 2008), gibt es immer noch Optimierungsmöglichkeiten in der Substratauswahl und -kombination, um die wichtigsten und aussagekräftigsten Informationen zu erhalten.
In diesem hier neu entwickelten LC-MS/MS Cocktail-Assay wurden bereits etablierte und gut dokumentierte Modellsubstrate für sechs der sieben CYP-Isoformen verwendet. Für das sehr wichtige Arzneistoff metabolisierende Enzym CYP3A4 wurde Atorvastatin als neues, sehr selektives Substrat etabliert. Der entwickelte Cocktail-Assay ist für in vitro Untersuchungen in Mikrosomen und verschiedene Anwendungen in der Zellkultur einsetzbar, wie z.B. zum Screenen von Aktivitätsprofilen in humanen Hepatozyten.

1.2 RNA-Interferenz

Die RNA-Interferenz (RNAi) bezeichnet einen Mechanismus, der es ermöglicht durch synthetische RNA-Moleküle die Expression eines einzelnen Gens stillzulegen und damit dessen biologische Funktion zu analysieren. So lassen sich Gene im Genom, die für einen bestimmten Phänotyp codieren, identifizieren und deren Funktion untersuchen.

1. Einleitung

Die natürliche Funktion des »Gene Silencing« läßt sich am Beispiel des pflanzlichen Immunsystems illustrieren, das durch willkürliche RNA Zerstörung auf eingedrungene Viren anspricht, deren Genom aus doppelsträngiger RNA besteht. Außerdem spielen kleine RNA-Moleküle eine Rolle bei der Regulation von genetisch mobilen Elementen (Transposons) und der Genomstabilität (Tabara et al., 1999).
Die RNAi ist zunächst ein natürlicher Prozess, der benutzt werden kann, um ein Gen spezifisch auszuschalten und so dessen Funktion zu analysieren. Zahlreiche Strategien wurden in der Vergangenheit entwickelt, um dieses Ziel zu realisieren. Dazu kamen verschiedene Methoden wie die Anwendung von Antisense-Desoxyoligonukleotiden (AS-ODNs), Ribozymen und in jüngster Zeit die »small interfering RNAs« (siRNAs) zum Einsatz. Die eingebrachten RNA-Moleküle sind letztendlich für die verminderte Genexpression verantwortlich (Abbildung 7).

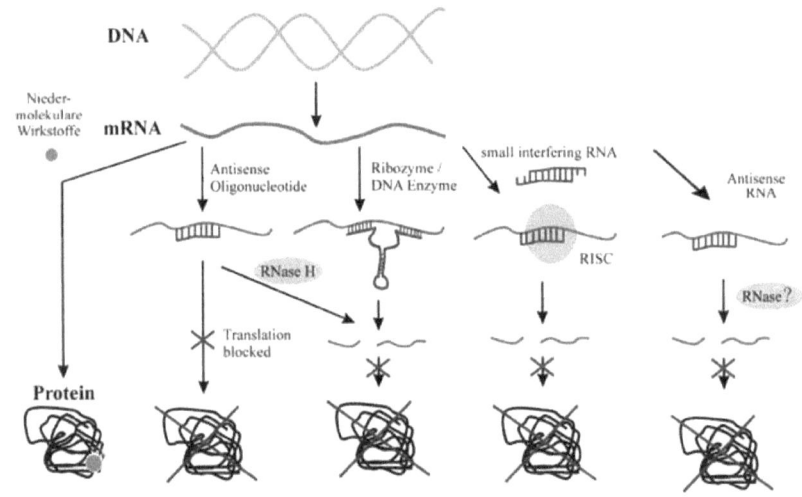

Abbildung 7: Verschiedene Möglichkeiten zur Repression der Genexpression auf mRNA-Ebene. Konventionelle Therapeutika inhibieren in der Regel erst das Zielprotein (links), wohingegen die Antisense-Oligonukleotide, Ribozyme und siRNAs schon auf mRNA-Ebene die Proteinbildung verhindern. Bei der Methode der RNAi (2. von rechts) binden kleine komplementäre RNA-Moleküle an die mRNA, die anschließend degradiert wird. (modifiziert nach Kurreck, 2003)

Die Technik der RNA-Interferenz wurde erstmals 1998 von Andrew Fire und Craig Mello veröffentlicht, bei der doppelsträngige RNA (dsRNA) im Fadenwurm C.elegans zu einem effizienten und spezifischen Gen „Knock-Down" führte. Seitdem wurde

1. Einleitung

diese Methode auch in anderen Organismen, wie Drosophila und Säugetierzellen eingesetzt.
Allerdings stieß die Anwendung der RNAi bei Säugetierzellen, also auch bei humanen Zellen, längere Zeit auf Schwierigkeiten. Denn bei Kontakt mit langen dsRNA-Molekülen mit einer üblichen Länge von 150-450 Nukleotiden, wird eine starke Immunantwort (Interferon response) ausgelöst, die willkürlich mRNA zerstört und zur Apoptose führen kann (Kässer, 2005). Ein weiteres Problem war die Aktivierung der Proteinkinase R (PKR) durch ≥ 30 bp lange dsRNA, die den Transkriptionsfaktor eIF2a inaktivert und somit kommt es zur unspezifischen Inhibition der Translation (Vattem et al., 2001). Dies hätte in letzter Konsequenz die Anwendung der Methode der RNAi zur Untersuchung eines bestimmten Gens bei Säugetierzellen unmöglich gemacht.
Jedoch wurde 2001 von der Arbeitsgruppe Elbashir et al. herausgefunden, dass kurze siRNA-Stränge mit einer exakten Länge von 21 bp, was ungefähr zwei Helixwindungen der RNA entspricht, von Säugetierzellen toleriert werden und somit effektiv eine RNAi auslösen können.
Welche Gene betroffen und abgeschaltet werden, hängt von der Sequenz der verwendeten siRNA ab. Die RNAi ist somit ein sequenzspezifischer »Gen-Silencing-Prozess«, der auf posttranskriptionaler Ebene stattfindet und auch als post-transcriptional gene-silencing (PTGS) bezeichnet wird. Durch die verhinderte Genexpression, die durch Zerstörung der mRNA die Proteinbiosynthese unterdrückt, lassen sich Effekte, die ein Gen auf zellulärer Ebene hat, genauer untersuchen.
Dies kann durch unterschiedlich starkes Abschalten der Gene, durch ein »Knock-Down« der Genaktivität erfolgen. Dabei bleibt das zu untersuchende Gen intakt und die Transkription verläuft normal, denn die RNAi greift erst auf RNA-Ebene an.
Technisch können zum einen lange dsRNAs, Plasmid-Vektoren, die Gene für short-hairpin RNAs (shRNA) liefern, welche in der Zelle transkribiert werden oder direkt doppelsträngige siRNA-Oligonukleotide eingesetzt werden.

1.2.1 Mechanismus der RNAi

Im Falle von langer freier dsRNA greift zuerst eine spezifische RNA-Nuklease (Dicer) ein, um die dsRNA in kleine 21 bp lange Stücke (siRNAs) zu zerlegen.
Anschließend assoziert jedes doppelsträngige siRNA-Stück mit einem Multiproteinkomplex, der aus drei bestimmten Proteinen besteht, zu einer Blockiereinheit namens RISC (RNA Induced Silencing Complex) (Kässer, 2005). Dieser RISC-Komplex enthält eine Helikase, die die gewundene RNA-Struktur entwindet und somit den Antisense-Strang für die Bindung an der Target-mRNA vorbereitet. Die spezifische

1. Einleitung

Hemmung der Expression erfolgt durch Bindung von Antisense-Molekülen, basierend auf der Watson Crick Basenpaarung des Antisense-Strangs mit der komplementären Ziel-mRNA. Der angelagerte RISC-Komplex durchtrennt mit Hilfe seiner Endonukleaseaktivität die mRNA in der Mitte des Hybrids, die dann von freien Exonukleasen weiter abgebaut wird (Hammond et al., 2000).
Bei der RNAi von Säugetierzellen verwendet man, um eine Interferon-Antwort zu vermeiden, meist synthetische RNA, die schon als siRNAs durch Transfektion künstlich in die Zelle eingebracht werden.

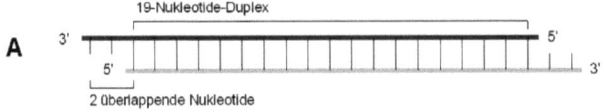

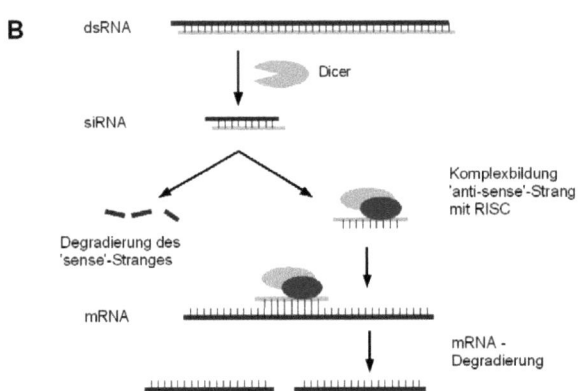

Abbildung 8: Modell der RNA-Interferenz:
A: siRNA-Doppelstrang mit zwei überlappenden Nukleotiden an jeder Seite, die die siRNA vor Ribonukleasen schützen sollen.
B: Ein doppelsträngiges RNA-Molekül wird vom Enzym Dicer in kurze siRNAs zerlegt. Diese werden von RISC gebunden und entwunden und nach Anlagerung des Antisense-Strangs an die Ziel-RNA, wird diese degradiert.
Quelle: PhilippN, Wikipedia 2006

1.2.2 Experimentelle Durchführung und Anwendungsmöglichkeiten der RNAi

Nachdem natürliche Funktionen des »Gene Silencing« bekannt wurden (Schutz vor Viren, Transposons), dient nun die RNAi als gentechnisches Verfahren zum Ausschalten von Genen in Laborversuchen. Hier sollen vor allem durch unterschiedlich starkes »Ausschalten« spezifischer Genaktivitäten mehr Kenntnisse über die Genfunktion gewonnen werden.

Dazu ist es entscheidend, die passende siRNA-Sequenz für ein Gen zu finden, die zu einem optimalen „Knock-Down" führt. Das bedeutet, die verwendete siRNA muß an einer geeigneten Stelle des Zielgens an die mRNA binden, um die Degradation dieser zu verursachen.

Um eine entsprechende, für Säugetierzellen 21 bp lange, Sequenz zu bestimmen, gibt es von verschiedenen Herstellern sogenannte BLAST-Analysen (Basic Local Alignment Search Tool) zur Auswahl dieser Sequenz. In deren Algorithmen werden Kriterien wie GC-Basenpaargehalt (meist zw. 30 und 50%), bevorzugte Basen an bestimmten Positionen und unterschiedliche Schmelztemperaturen, freie Enthalpie ΔG berücksichtigt. Außerdem stellen verschiedene Firmen Bibliotheken von optimierten, „predeveloped" und auch validierten siRNAs zur Verfügung, aus denen geeignete Oligonukleotide ausgewählt werden können. Oft gibt es von einem Anbieter auch mehrere Alternativen oder Sets, die verschiedene siRNA-Sequenzen für unterschiedliche Exons anbieten. Es ist sinnvoll, einen Vergleich der Auswirkung mehrerer siRNAs anzustellen, da die Effizienz des »Knock-Down« sehr unterschiedlich ausfallen kann. Neben der Effizienz ist die Spezifität der siRNA ausschlaggebend für ihre Qualität. Denn wenn eine siRNA auch unspezifisch an andere Gene als ausschließlich an ihr Zielgen bindet, kommt es zu sogenannten »Off-Target-Effekten«, die die Expression der anderen »fremden« Gene beeinflussen. Dies sollte möglichst vermieden werden.

Außer der Effizienz und Spezifität der verwendeten siRNAs ist eine effiziente Applikation der Oligonukleotide entscheidend für eine erfolgreiche RNA-Interferenz. Hierbei kommt es oft auf das verwendete in vitro Zellsystem an, in der ein »Gen Knock-Down« hervorgerufen werden soll. Generell gibt es drei verschiedene Möglichkeiten, die siRNA Oligonukleotide in die Zelle und an den entsprechenden Wirkort zu applizieren. Die verschiedenen Methoden und Wirkmechanismen sind in Abbildung 9 gezeigt.

Die schnellste und einfachste Möglichkeit besteht in der transienten Transfektion der chemisch synthetisierten doppelsträngigen siRNA-Moleküle. Allerdings hält hier die »Ausschaltung der Gene« gewöhnlich höchstens ein paar Tage an, da sich die siRNAs in den Zellen schnell »verdünnen«, wenn sich die Zellen teilen. Bei sich nicht teilenden Zellen oder durch Zusatz von stabilisierenden Chemikalien können für das »Gene Silencing« längere Zeiträume erreicht werden.

1. Einleitung

Eine weitere Möglichkeit besteht in der Verwendung von shRNA-Plasmiden, die kurze hairpin RNAs (shRNAs) dauerhaft vom Vektor exprimieren, vom Enzym Dicer zu siRNAs prozessiert werden und somit eine längerfristige Repression der Zielgene bewirken können. Diese Plasmide können z.B. auch über verschiedene Selektionsmarker stabil in einer Zelllinie exprimiert werden oder durch eine Infektion mit einem lysogenen Virus ins Genom der Zelle integriert werden (Abbildung 9). Der effektive Transfer von siRNA Molekülen bzw. shRNA-Vektoren mittels Transfektion in die Zelle ist für Zelllinien im Allgemeinen realisierbar, doch für Primärzellen, wie z.b. die humanen Hepatozyten, aufgrund einer zu geringen Transfektionseffizienz meist nicht möglich. Daher besteht eine weitere Möglichkeit die shRNA-Plasmide in virale Partikel zu verpacken, um mit diesen die Zielzellen zu infizieren und so die shRNA-Vektoren in die Zellen einschleusen zu können.

Für die Infektion von humanen Hepatozyten eignen sich besonders Lentiviren, da diese auch nicht teilungsaktive eukaryotische Zellen effizient transduzieren können. Die meisten Lentiviren sind Derivate des Humanen Immundefizienz-Virus (HIV). Weitere Vorteile sind die stabile Integration ins Genom und die somit mögliche Langzeitexpression der siRNA sowie eine geringe Entzündungs- und Immunantwort der infizierten Zellen. Daher sind Lentiviren auch besonders für die Gentherapie geeignet (Trono, 2000).

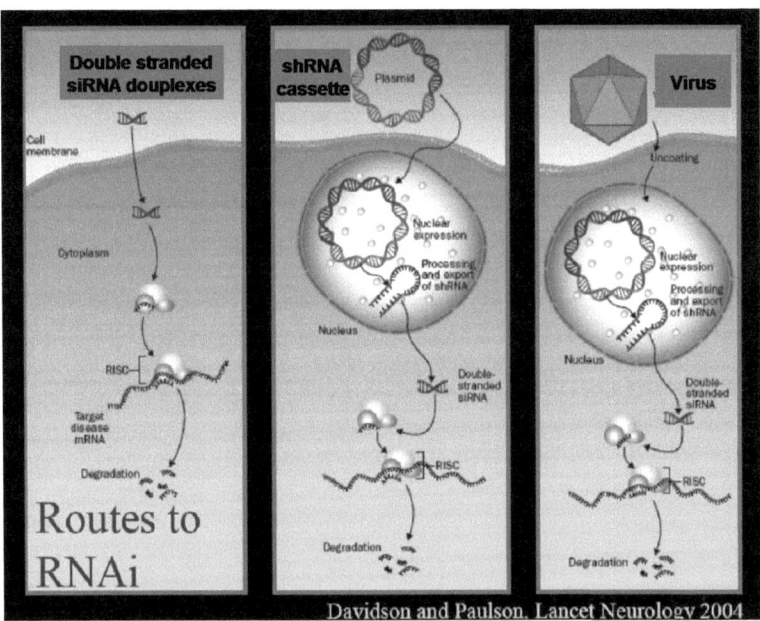

Abbildung 9: Verschiedene Methoden eine RNA-Interferenz über doppelsträngige siRNA-Duplexe, shRNA-Vektoren oder Virus-transduzierte shRNAs auszulösen.

Obwohl sich die RNA-Interferenz in der funktionellen Genforschung mit Zellkulturversuchen schon in vielen Experimenten als sehr erfolgreich erwiesen und zu einer etablierten Methode entwickelt hat, ist die therapeutische Anwendung bei Patienten weiterhin problematisch. Das wohl größte Problem stellt der gezielte und effiziente Transfer der siRNA-Moleküle in die gewünschten Organe bzw. ins Zellinnere dar.

Trotzdem gibt es intensive Forschungen für die Nutzung der RNAi zur Heilung von Krankheiten und Therapievorschlägen und es existieren bereits einige erfolgsversprechende siRNA-Wirkstoffe, die sich in Arzneimittel-Teststudien befinden.
Forscher der amerikanischen Firma Alnylam konnten erste »Therapieerfolge« durch Anwendung des siRNA-Wirkstoffs ALN-RSV01, der sich gegen das Respiratorische Syncytialvirus (RSV) richtet, in einer randomisierten, doppelblinden Placebo Phase II Studie an 88 gesunden Freiwilligen testen (DeVincenzoa et al., 2010). Für den nasal verabreichten Wirkstoff konnten ~40% weniger Virusinfektionen nachgewiesen werden und er zeigte sich gut verträglich.
Außerdem befindet sich momentan eine Therapie gegen die altersbedingte Makuladegeneration (Netzhaut-Erkrankung) auf Basis der RNAi in der Erprobung, welche die mit dieser Krankheit verbundene Erblindung stoppen soll. Die verwendete siRNA (Bevasiranib) muß alle paar Wochen in den Glaskörper des Auges injiziert werden. Dort wird sie von den VEGF („vascular endothelial growth factor") -produzierenden Zellen aufgenommen und reguliert die Expression des Wachstumsfaktors herunter. Ein weiterer großer Vorteil zur Anwendung am Auge liegt in der anatomischen Isoliertheit, so dass die applizierten Oligonukleotide nur an diesem Ort wirken und nicht in umliegendes Gewebe diffundieren können. Allerdings zeigten neuere Ergebnisse, dass die Inhibition mittels siRNA in diesem Fall möglicherweise unspezifisch war. Da die Patientenrekrutierung für eine Phase III Studie abgeschlossenen wurde, ist mit möglichen klinischen Resultaten wohl in absehbarer Zeit zu rechnen (http://www.pro-retina.de/netzhauterkrankungen/makula-degeneration/altersabhaengige-makuladegeneration/amd-aktion/stellungnahm).

1.3 P450 Enzyme in humanen Hepatozyten und anderen Zellsystemen

In der Arzneimittelforschung gibt es zur Zeit unterschiedliche Ansätze zur Untersuchung der P450 Enzymsysteme, die für verschiedene Kurzzeit- oder Langzeitversuche unterschiedliche Aussagekraft haben.
Mit einfachen Testsystemen wie rekombinant exprimierten CYP-Enzymen oder aus humaner Leber gewonnenen Mikrosomen lassen sich relativ unkompliziert Unter-

suchungen zu Biotransformationen von Arzneistoffen oder Arzneistoff-Wechselwirkungen durchführen. Außerdem weisen diese Testsysteme eine einfache Handhabung sowie eine gute Verfügbarkeit auf. Allerdings lässt sich mit diesen beiden Systemen kein Gesamtmetabolismus einer Substanz untersuchen, da benötigte Cofaktoren wie z.b. NADPH oder Phase II Enzyme und auch Zellkompartimentierungen fehlen. Daher können mit diesen keine umfassenden und dem physiologischen Modell entsprechenden Aussagen gemacht werden. Außerdem können aufgrund der »nur« isolierten Enzymfraktionen keine regulatorischen Einflüsse der P450 Enzyme wie z.b. deren Induktion untersucht werden.

Weitere schon komplexere Testsysteme, wie der Einsatz von Hepatomazelllinien oder anderen transgenen Zelllinien, scheitern jedoch meist an der geringen oder sehr eingeschränkten P450 Aktivität. Daher werden für vertiefende Studien als sogenannter »Gold-Standard« meist primäre humane Hepatozyten eingesetzt, die der Leber bzw. dem gesamten Organismus wesentlich besser entsprechen als Zellkulturen oder Mikrosomen. Denn alle enzym- und zellbedingten Komplexe sind vorhanden, die sowohl regulatorische als auch alle metabolischen Grundlagen für die Untersuchung der P450 Enzyme gewährleisten.

Für die Verwendung von Hepatozyten gibt es derzeit drei unterschiedliche Modelle zur Handhabung. Entweder werden sie direkt als Primärisolate aus Leberbiopsiematerial frisch hergestellt, wobei das Material meist rar ist. Denn nur Tumorbiopsate bzw. Lebergewebe, das nicht zur Transplantation geeignet ist, steht zur Verfügung. Oder man wählt eine der beiden folgenden Alternativen: Es gibt die Möglichkeit des Arbeitens mit kryopräservierten Zellen, die in flüssigem Stickstoff gelagert werden und zur einmaligen Verwendung aufgetaut werden müssen, oder die mit sogenannten Langzeitkulturen im Kollagensandwich. Hier sind die Hepatozyten in eine Kollagenschicht eingebettet, die die fehlende Matrix (das Lebergewebe) ersetzen soll und somit eine längere Kultivierung möglich macht. Es muss beachtet werden, dass die Leberzellen als Primärisolate oder kryopräservierte Zellen nur zeitlich begrenzt verwendet werden können, da sie nicht in Kultur wachsen. Die Kollagensandwichkultur verliert nach ca. 2 Wochen ihre spezifischen Eigenschaften, da die Zellen dedifferenzieren (Langsch et al., 2009).

Da die verwendeten humanen Hepatozyten jeweils von unterschiedlichen Spendern stammen, unterliegen sie der natürlichen interindividuellen Variabilität. Außerdem können Schwankungen der Versuchsergebnisse durch unterschiedliche Präparation der Zellen bedingt sein. Experimentell erhaltene Resultate sind deswegen meist nicht genau reproduzierbar.

Da die »Verwendung« von humanen Hepatozyten aufgrund der oben genannten Gründe nicht ganz einfach ist und auch das Problem der ständigen Verfügbarkeit bei der Verwendung von Primärisolaten besteht, sind Experimente daher oft eingeschränkt und immer abhängig von den Biopsiezeitpunkten durchführbar. Die hier in dieser Arbeit verwendeten Primärhepatozyten wurden freundlicherweise von den Universitätskliniken in Berlin (Charité, Humboldt Universität), München (Ludwig-Maximilian-Universität) oder Regensburg (Universität Regensburg) im Rahmen des BMBF »HepatoSys« Projektes (Network Systems Biology) zur Verfügung gestellt.

1.4 Zielsetzung der Arbeit

Ziel dieser Arbeit war es, einen LC-MS/MS basierten Cytochrom P450 Cocktail-Assay zu entwickeln und zu etablieren, mit dem sich die Aktivitäten der sieben wichtigsten Arzneistoff metabolisierenden CYP-Enzyme gleichzeitig messen lassen. Dieser sollte dann für unterschiedliche detaillierte Untersuchungen zur Variabilität von P450 Enzymaktivitäten in humanen Hepatozyten eingesetzt werden.

Für alle sieben P450 Enzyme wurden selektive, phänotypische Reaktionen von Arzneistoffen in einem Substrat-Mix kombiniert um die Monooxygenaseaktivität der Enzyme CYP1A2, CYP2B6, CYP2C8, CYP2C9, CYP2C19, CYP2D6 und CYP3A4 zu analysieren.

Unter anderem sollte er zur Aufnahme von Induktionsprofilen der P450 Enzymaktivität durch verschiedene Arzneistoffe aus der Gruppe der Statine genutzt werden.

Um des Weiteren die katalytische Aktivität der CYP-Enzyme genauer zu betrachten, sollte der Einfluss von potentiellen Monooxygenase-Reaktionspartnern, sogenannten Elektronendonator-Proteinen, mittels RNA-Interferenz untersucht und der Einfluss auf die P450 Enzymaktivität gemessen werden.

Dafür sollten die Proteine NADPH P450 Oxidoreduktase (POR), Cytochrom b_5 und die beiden Progesteronrezeptor-Membrankomponenten PGRMC1 und PGRMC2 herunter reguliert werden. Da primäre Hepatozyten sehr schwer transfizierbar sind, sollte ein lentivirales System entwickelt werden, um die verschiedenen siRNA-Sequenzen in die Zellen einzuschleusen. Nach Knock-Down der gewünschten Zielgene sollten die P450 Enzymaktivitäten mit dem Cocktail-Assay bestimmt werden.

1. Einleitung

2. Ergebnisse

2.1 Entwicklung eines neuen P450 Cocktail-Assays

Für verschiedene Anwendungsmöglichkeiten der Untersuchung von P450 Enzymen in humanen Hepatozyten sollte ein Assay entwickelt werden, der die meisten selektiven phänotypischen Reaktionen für die wichtigsten Arzneistoff metabolisierenden CYP-Enzyme simultan in einer Messung erfassen kann (siehe Abbildung 10). Besonderer Vorteil gegenüber Einzelmessungen sind das Umgehen der Limitation des Zellmaterials und die Zeitersparnis durch gemeinsame Inkubation aller Substrate und Detektion in einem Messvorgang mit nur einer Messmethode. Die Vorauswahl und Etablierung des Assays wurde in gepoolten humanen Lebermikrosomen durchgeführt. Es wurden die sieben folgenden spezifischen Substrate für die entsprechenden CYP-Enzyme kombiniert: Phenacetin (CYP1A2), Bupropion (CYP2B6), Amodiaquin (CYP2C8), Tolbutamid (CYP2C9), S-Mephenytoin (CYP2C19), Propafenon (CYP2D6) und Atorvastatin (CYP3A4).

Substratkonzentrationen, Inkubationszeit, sowie die gleichzeitige Detektion aller Metabolite und relativ geringe Interaktionen der einzelnen Substrate mussten optimiert werden.

Die Substrate Phenacetin, S-Mephenytoin und Tolbutamid gelten als bekannte und validierte Markersubstrate der angegebenen Enzyme. Für die CYPs 2D6, 2B6 und 2C8 wurden die spezifischen Substrate Propafenon (Toscano et al., 2006), Bupropion (Faucette et al., 2000; Hesse et al., 2000) und Amodiaquin (Walsky et al., 2005) verwendet.

Die Hydroxylierung von Atorvastatin erwies sich im Verlauf unserer eigenen Studien zum Atorvastatin-Metabolismus (Gomes et al., 2009; Riedmaier et al., 2010) als sehr spezifische und geeignete, phänotypische in vitro Reaktion für das Enzym CYP3A4 bzw. CYP3A5. Insbesondere erwies sich die Bildung von Ortho-Hydroxyatorvastatin durch CYP3A4 als 16-fach (10 µM) bzw. 11-fach (100 µM) höher, als durch CYP3A5, wohingegen die Para-Form von beiden CYP3A Enzymen im gleichen Verhältnis gebildet wurde.

Daher wurde für den Cocktail-Assay der gezielt von CYP3A4 gebildete Metabolit Ortho-Hydroxyatorvastatin als selektiver und sensitiver Aktivitätsmarker für dieses Enzym verwendet.

In den 150 Proben der IKP-Leberbank wurde eine sehr gute Korrelation zwischen dem Umsatz von Atorvastatin und dem CYP3A4 Proteingehalt festgestellt ($r_{s\,ortho}$ = 0,78 und $r_{s\,para}$ = 0,76; p<0,0001). Die Korrelation zum CYP3A5 Protein war hingegen sehr viel niedriger (r_s= 0,37 und 0,31; p<0,0001) und auch die Korrelation zu anderen CYPs war deutlich geringer (CYP2D6: r_s= 0,1; CYP1A2: r_s= 0,58).

2. Ergebnisse

Andere bewährte CYP3A4 katalysierte Biotransformationen, wie z.B. die N-Demethylierung von Verapamil, der Umsatz von Testosteron oder die Demethylierung von Dextromethorphan zeigten zudem schlechtere Korrelationen zur CYP3A4 Proteinmenge. Diese lagen im Bereich von $r_s=$ 0,70, 0,61, und 0,66 und wiesen somit eine geringere Spezifität für CYP3A4 auf.

In Tabelle 1 sind Details zum Substratstoffwechsel in Mikrosomen und Inkubationsbedingungen für die Anwendung des Assays zusammengefasst.

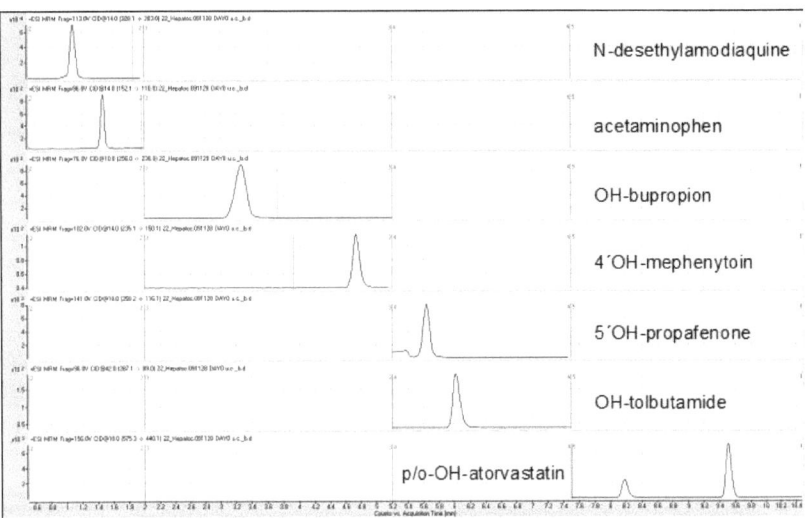

Abbildung 10: LC-MS/MS Chromatogramm eines mit Cocktail-Assay Substraten inkubierten Mediumüberstandes primärer Hepatozyten im MRM Mode.
Zu sehen sind die chromatographischen Profile der Metabolite, die von den Hepatozyten nach 3 stündiger Inkubation mit dem Cocktail-Assay gebildet worden waren. Folgende Enzyme sind am Umsatz der Substrate im Assay beteiligt: CYP1A2 (Phenacetin → Acetaminophen), CYP2B6 (Bupropion → Hydroxybupropion), CYP2C8 (Amodiaquin → N-Desethylamodiaquin), CYP2C9 (Tolbutamid → Hydroxytolbutamid), CYP2C19 (S-Mephenytoin → Hydroxymephenytoin), CYP2D6 (Propafenon → Hydroxypropafenon) und CYP3A4 (Atorvastatin → Para- und Ortho-Hydroxyatorvastatin).

Tabelle 1: Übersicht der verwendeten Substrate im Cocktail-Assay für die entsprechenden CYP-Enzyme. Zusätzlich sind die eingesetzten Konzentrationen, die spezifisch entstehenden Metabolite und die Aktivität der Einzelinkubationen im Lebermikrosomenpool angegeben.

Cytochrom P450	Substrat	Konz. [µM]	Metabolit	Aktivität im HLM Pool [a] [pmol/mg/min]	K_M [b] [µM]
CYP1A2	Phenacetin	50	Acetaminophen	829 ± 12.5	41
CYP2B6	Bupropion	5	OH-Bupropion	4 ± 0.14	110
CYP2C8	Amodiaquin	5	N-Desethyl-amodiaquin	847 ± 1.3	2.1
CYP2C9	Tolbutamid	100	4-OH-Tolbutamid	70 ± 1.3	147
CYP2C19	S-Mephenytoin	100	4-OH-Mephenytoin	82 ± 0.9	57
CYP2D6	Propafenon	5	5-OH-Propafenon	225 ± 5.6	0.5
CYP3A4	Atorvastatin	35	o-OH-Atorvastatin	288 ± 15.6	50

[a] Die Aktivitäten wurden aus Einzelinkubationen bei gegebener Substratkonzentration in gepoolten humanen Lebermikrosomen (HLM) gemessen.

[b] K_M Werte wurden für jedes Substrat einzeln im HLM-Pool im geeigneten Konzentrationsbereich bestimmt. Die K_M Werte für die Hydroxylierung von Tolbutamid und S-Mephenytoin stammen aus der Literatur (Walsky et al., 2004).

Abbildung 11 zeigt das Verhältnis des Cocktail-Assays gemessen in gepoolten humanen Lebermikrosomen (HLM-Pool) in Kombination aller Substrate (Cocktail in den optimierten Konzentrationen, siehe Tabelle 1) gegenüber den Einzelinkubationen. Diese wurden als maximale Aktivität mit 100% angegeben.
Dieser Vergleich zeigt, dass außer den CYPs 2B6 und 2C8, die meisten CYPs im Cocktail-Assay fast die gleiche Aktivität wie in den Einzelinkubationen beibehalten. Nur für CYP2B6 wurde eine um 55%, für CYP2C8 eine um 40% reduzierte Aktivität gemessen. Eine mögliche Erklärung dafür wird im Abschnitt 3.1 diskutiert.

2. Ergebnisse

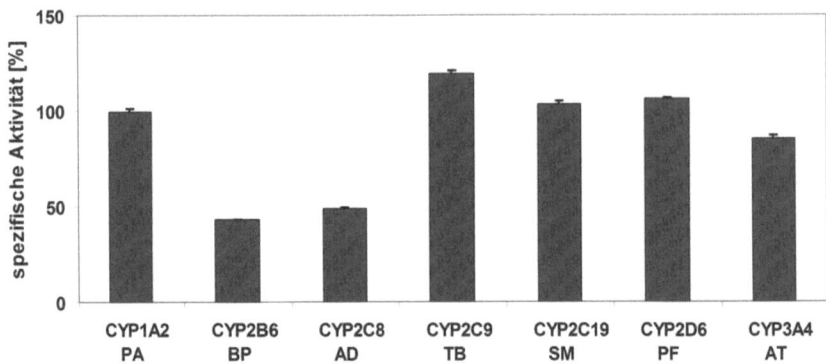

Abbildung 11: Vergleich der CYP-Aktivitäten im Cocktail-Assay und den Einzelinkubationen.
Der HLM-Pool wurde mit jedem Substrat einzeln und als Cocktail inkubiert und die Aktivität für jedes Enzym bestimmt. Die Abbildung zeigt die relative Aktivität jedes Enzyms (Mittelwert und Standardabweichung aus Dreifachbestimmung) mit ihrem Substrat im Cocktail normiert auf die Aktivität in der Einzelinkubation (= 100 %). Die eingesetzten Konzentrationen sind in Tabelle 1 dargestellt.
PA: Phenacetin; BP: Bupropion; AD: Amodiaquin; TB: Tolbutamid; SM: S-Mephenytoin; PF: Propafenon; AT: Atorvastatin

2.1.1 Verwendung primärer humaner Hepatozyten

Die folgende Abbildung gibt einen Überblick über den Zeitverlauf von der Isolierung der Hepatozyten bis hin zur Zellernte nach den verschiedenen Experimenten. Der Tag 0 am IKP und gleichzeitig Beginn der Experimente entspricht dem 2. Tag nach der Isolierung der Zellen.

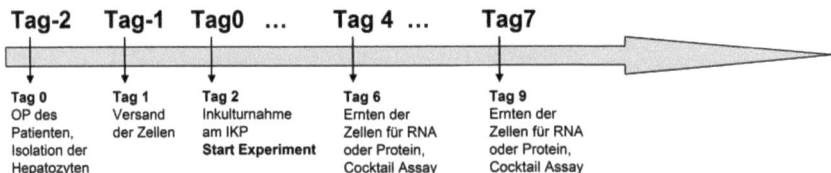

Abbildung 12: Zeitverlauf von der Isolierung der Hepatozyten an einer der Universitätskliniken bis hin zur Zellernte nach den verschiedenen Experimenten.
Für die Experimente wurde ab dem Tag der Inkulturnahme am IKP der Tag 0 festgelegt.

2.1.2 P450 Aktivitäten in kultivierten humanen Hepatozyten

Die sieben mit dem Cocktail-Assay erfassten Enzymaktivitäten wiesen bei einer Zeitkinetik von bis zu 3 h eine lineare Metabolit-Bildungsrate auf.

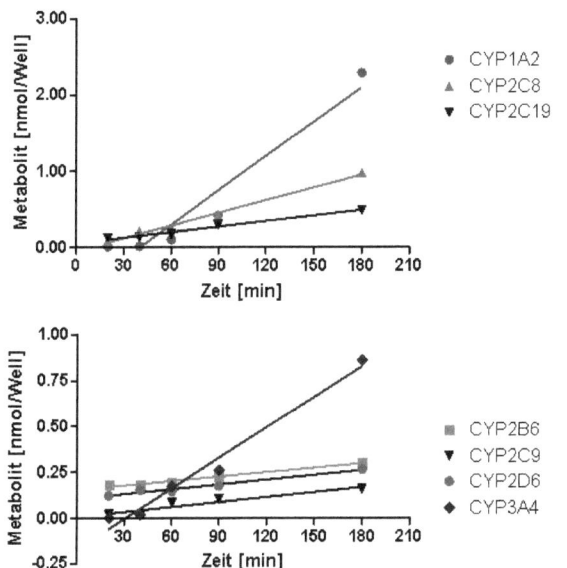

Abbildung 13: Mit dem Cocktail-Assay gemessene Enzymaktivitäten in humanen Hepatozyten über einen Zeitraum von 180 min.
Die obere Abbildung zeigt die Metabolitbildung der CYPs 1A2, 2C8 und 2C19 aus dem gleichen Well, die untere Abbildung, die der Enzyme CYP2B6, CYP2C9, CYP2D6 und CYP3A4.

Die Enzymaktivitäten konnten über mindestens 4 Tage nach Inkulturnahme am IKP noch gemessen werden. Abhängig von der individuellen Kultur gingen die meisten Aktivitäten in diesem Zeitraum allerdings stark zurück (Abbildung 14).
Besonders die CYPs 2C8, 2C9 und 2C19 zeigten einen gravierenden Rückgang der Aktivität, verglichen zum basalen Level, der am zweiten Tag nach der Isolierung mit 100 % angegeben wurde. Die Aktivitäten der Enzyme CYP1A2 und CYP2B6 zeigten je nach Kultur ein sehr unterschiedliches Verhalten. Die Aktivität konnte innerhalb der vier folgenden Tage stark zu- oder abnehmen. Die CYP2D6 und CYP3A4 Aktivitäten blieben im Durchschnitt über diesen Kulturzeitraum eher konstant. Jedoch ist anhand der Standardabweichung in Abbildung 14 zu erkennen, dass dies von Charge zu Charge deutlich differierte.

2. Ergebnisse

Die möglichen Änderungen der CYP-Aktivitäten sind zur Bewertung von experimentellen Ergebnissen von Bedeutung, da z.b. durch eine starke Abnahme von 70% verglichen zur Ausgangsaktivität der Behandlung, Auswirkungen der Behandlung beim Targetgen eventuell nicht registriert werden können oder aber extreme Induktionsfaktoren auftreten können.

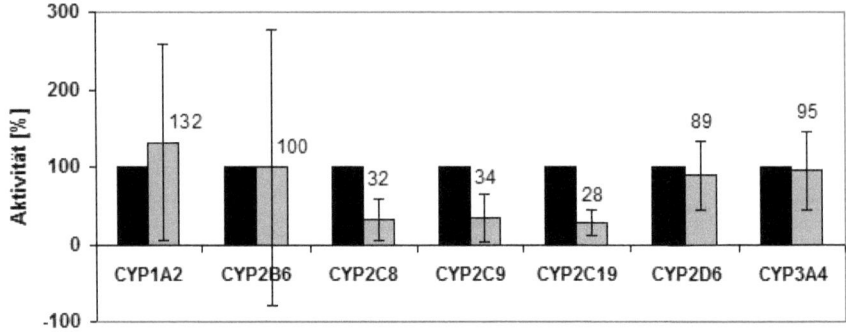

Abbildung 14: P450 Aktivitäten gemessen mit dem Cocktail-Assay in fünf verschiedenen Hepatozytenchargen über einen 4-tägigen Kulturzeitraum.
Der Tag 0 entspricht dem Zeitpunkt der Inkulturnahme der Hepatozyten am IKP, dem zweiten Tag nach der Isolierung und Präparation der Zellen. Die am Tag 0 gemessene Aktivität wurde gleich 100 % gesetzt. Die Zellen wurden weitere vier Tage bei täglichem Medienwechsel in Kultur gehalten. Die Aktivitätsmessung erfolgte in Triplikaten durch einmalige Inkubation jedes Wells mit den Cocktail Substraten (keine mehrfache Inkubation der gleichen Zellen).

Da das Enzym CYP3A4 ein wichtiges Targetgen für die Experimente in humanen Hepatozyten darstellt, wurde dessen Aktivität über die Kulturdauer genauer betrachtet (siehe Abbildung 15).
Die ersten vier der sechs Zellchargen weisen nach 3- bzw. 4-tägiger Inkubation eine ca. 60%ige Restaktivität von CYP3A4 auf. Die beiden anderen Zellchargen zeigten nach vier Tagen eine ca. 1,5-fache Steigerung der Hydroxyatorvastatin-Bildung, was im Durchschnitt zu 90% CYP3A4 Restaktivität der sechs Chargen führte.
Bemerkenswert ist, dass die beiden Zellchargen mit einem wesentlich höheren Ausgangs-CYP3A4-Level (0,45-1,4 pmol/min/Well gegenüber 0,1-0,3 pmol/min/Well) die Aktivität über den Kulturzeitraum erhalten bzw. steigern konnten. Dahingegen zeigten die Zellen mit einem niedrigeren Basallevel eine ca. 40%ige Abnahme der Aktivität innerhalb dieses Zeitraums. Für die anderen CYPs, die sich in den verschiedenen Chargen auch variabel hinsichtlich der Aktivität über die vier Tage verhielten (CYP 1A2, 2B6, 2D6), wurde dies nicht so beobachtet.

2. Ergebnisse

Nach einer 7 tägigen Kulturdauer ließen sich nur noch max. 20% CYP3A4 Restaktivität im Vergleich zum Tag 0 nachweisen (Daten nicht gezeigt, nur zwei Experimente in Einfachbestimmung).

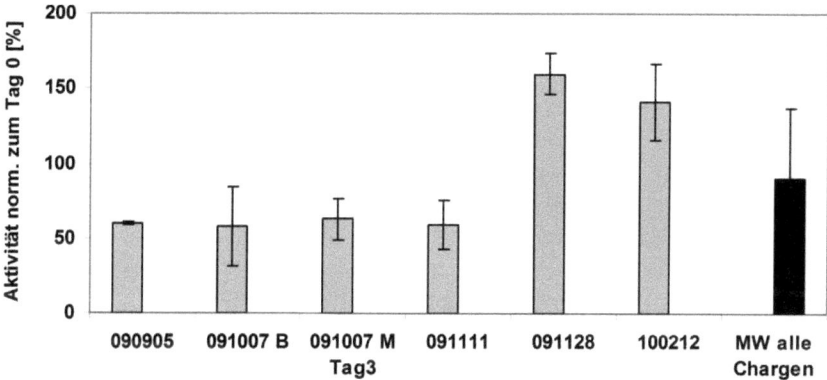

Abbildung 15: CYP3A4 Aktivität sechs verschiedener Hepatozytenchargen nach viertägiger Kultivierung am IKP. Die Aktivität am Tag 0 entspricht für jede Charge dem 100%-Wert. Alle Zellchargen wurden unter gleichen Bedingungen kultiviert und am Tag 4 wurde die Aktivität bestimmt.
B: Zellen aus Berlin; M: Zellen aus München.

2.2 Induktion der CYP-Aktivitäten durch Statine und prototypische Induktoren

Primäre humane Hepatozyten von unterschiedlichen Spendern wurden 24 bis 96 h in gleicher Konzentration (30 µM) mit auf dem deutschen Markt zugelassenen Statinen Atorvastatin, Lovastatin, Pravastatin, Rosuvastatin und Simvastatin inkubiert. Die Statine gehören zur Substanzklasse der 3-Hydroxy-3-Methylglutaryl-Coenzym-A-Reduktase- (HMG-CoA-Reduktase-) Inhibitoren und hemmen durch die Blockierung der HMG-CoA-Reduktase die Cholesterin-Biosynthese des Körpers. Von den fünf verwendeten Lipidsenkern werden alle bis auf Pravastatin hauptsächlich von CYP3A4 metabolisiert. Der Metabolismus von Pravastatin unterliegt nicht dem P450 Enzymsystem.
Die Ergebnisse der mit dem Cocktail-Assay gemessenen Induktionsprofile der CYP-Aktivitäten durch die Statine sind in Abbildung 16 dargestellt. Die Tabelle 2 zeigt einen Überblick der maximal gemessenen CYP-Induktion auf mRNA- und Aktivitätsebene. Die prototypischen Induktoren Phenobarbital (1 mM) und Rifampicin (30 µM)

2. Ergebnisse

dienten als bekannte und übliche Kontrollinduktoren (für CYP2B6 und CYP3A4) zum Nachweis der Induktionsfähigkeit.

Nach 24 h Inkubation waren noch keine eindeutigen Veränderungen hinsichtlich der CYP-Aktivitäten zu messen. Nur die mit Phenobarbital und Rifampicin behandelten Zellen zeigten eine leicht erhöhte Aktivität für das Enzym CYP2B6.

Nach 48 h wurde für die Proben mit Phenobarbital eine 9-fache Induktion für CYP2B6 und eine 5-fache Erhöhung für das Enzym CYP3A4 nachgewiesen. Auch die mit Statinen behandelten Hepatozyten wiesen stark gesteigerte Aktivitäten auf. Atorvastatin zeigte den stärksten Effekt auf CYP2C8 (~10-fach), CYP3A4 (~7-fach) und die CYPs 2B6 und 2C9 (~4-fach). Die Aktivitäten für CYP1A2, CYP2C19 und CYP2D6 wurden durch keine Substanz mehr als 2-fach induziert. Ähnliche Auswirkungen wurden durch die Behandlung mit Simvastatin festgestellt, während Lovastatin und Rosuvastatin geringere Effekte zeigten. Pravastatin hatte nur marginale Einflüsse auf die untersuchten CYP-Aktivitäten.

Die Induktion durch Phenobarbital und Rifampicin war für den Inkubationszeitraum von 48-96 h nahezu konstant. Im Gegensatz dazu neigten die Statine zu einer deutlich zeitabhängigen Zunahme der verschiedenen Aktivitäten; z.B. durch Atorvastatin mit einer maximalen Induktion nach 72 h für CYP2B6 (~4-fach auf 11-fach), CYP2C8 (~10-fach auf 20-fach), CYP2C9 (~4-fach auf 9-fach) und CYP3A4 (~7-fach auf 11-fach). Diese Zunahme zwischen 48 und 72 h war für die anderen Statine weniger signifikant.

Die CYP-Aktivitäten gingen nach 96 h Inkubation für die meisten CYPs wieder auf das Niveau des 48 h Wertes oder auf niedrigere Werte zurück. Dies könnte darauf zurückzuführen sein, dass langanhaltende Inkubationen mit HMG CoA-Reduktase Inhibitoren Zellen im Zellkultursystem schädigen können (Yasuda et al., 2005 and Bertrand-Thiebault et al., 2007). Deswegen ist die nach 96 h wieder abnehmende Induktion möglicherweise auf die höheren Aktivitäten der Kontrollzellen (mit DMSO behandelt oder unbehandelt) zurückzuführen.

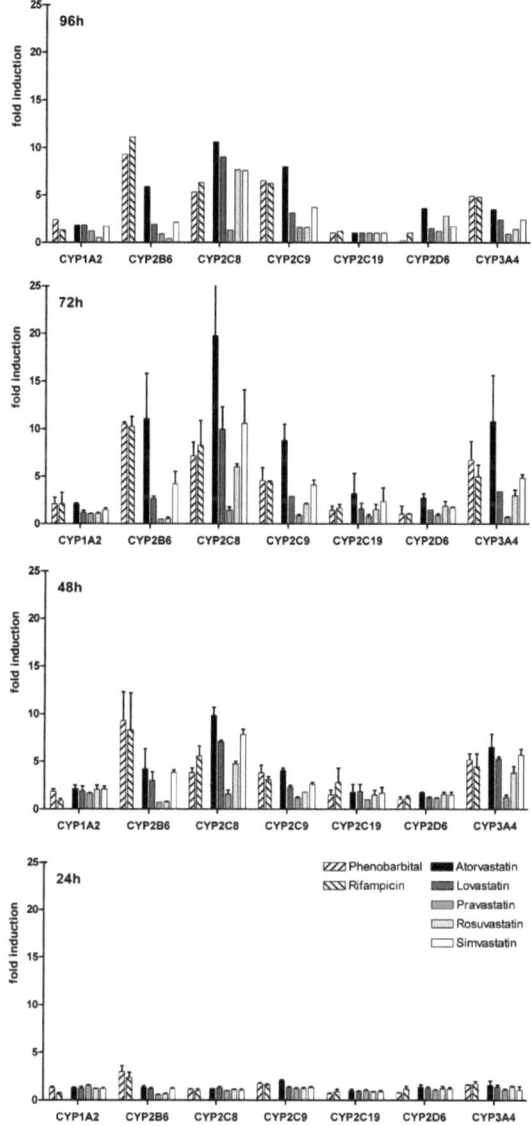

Abbildung 16: Induktion von P450 Aktivitäten durch Statine und prototypische Induktoren.
Primäre humane Hepatozyten wurden mit den Kontrollinduktoren (Phenobarbital, Rifampicin), HMG CoA-Reduktase Inhibitoren oder dem Lösungsmittel für 24 bis 96 h inkubiert. Phenobarbital wurde 1 mM, alle anderen Substanzen in einer 30 µM Konzentration verwendet. Jeweils nach 24, 48, 72 und 96 h wurden die CYP-Aktivitäten mittels Cocktail-Assay und Metabolitformation im Massenspektrometer bestimmt. Alle Aktivitäten wurden mindestens in Doppelbestimmung (je 2 Wells) gemessen.

2. Ergebnisse

2.2.1 Induktion der CYP mRNA durch Statine und prototypische Induktoren

Spezifische RT-PCR Assays wurden verwendet, um die mRNA-Expression der sieben verschiedenen CYPs zu den unterschiedlichen Zeitpunkten zu bestimmen. Die Ergebnisse in Abbildung 17 zeigen eine wesentlich drastischere und dynamischere Reaktion verglichen mit den Aktivitätswerten (s. auch Tabelle 2). Die meisten CYPs weisen schon nach 24-stündiger Inkubation eine mehr als 2-fache Induktion der mRNA auf. Zwischen 48 und 72 h entsprach das Induktionsprofil ungefähr dem der Aktivitäten, obwohl auch Unterschiede festzustellen waren. Die stärkste Induktion war im Allgemeinen zwischen 48 und 72 h zu beobachten, die am längsten andauernde für das Enzym CYP3A4. Das Ausmaß der Induktion war für die mRNA-Expression teilweise um einiges höher, als das der Aktivität. Hier wurden für Phenobarbital und Atorvastatin bzw. Simvastatin behandelte Zellen Steigerungen der mRNA-Werte von fast 100-fach gegenüber der Kontrolle für die CYPs 2C8 (PB) und 3A4 (PB, AT, Si) festgestellt.

Einige unerwartete Beobachtungen gab es für die mit Pravastatin inkubierten Proben, und auch CYP2D6 war nicht komplett inert im Vergleich zu den Ergebnissen auf Aktivitätsebene. Die mRNA der CYP2C Gruppe zeigte nach Pravastatin Behandlung zwischen 48 und 96 h auch eine eindeutige Induktion (s. Tabelle 2), jedoch blieb die Aktivitätssteigerung unterhalb eines Faktors von 2. Allerdings waren diese Beobachtungen je nach Charge unterschiedlich, was auch an den teilweise recht hohen Fehlerbalken zu bemerken ist.

Für das CYP2D6 wurde nach 48 bzw. 72 stündiger Behandlung mit Simvastatin und Rosuvastatin auch eine ~4 bis 6-fache erhöhte mRNA-Expression gemessen. Nur CYP1A2 blieb von allen Statinen und auch den hier verwendeten Induktoren auf mRNA- und Aktivitätsebene nahezu unbeeinflusst.

2. Ergebnisse

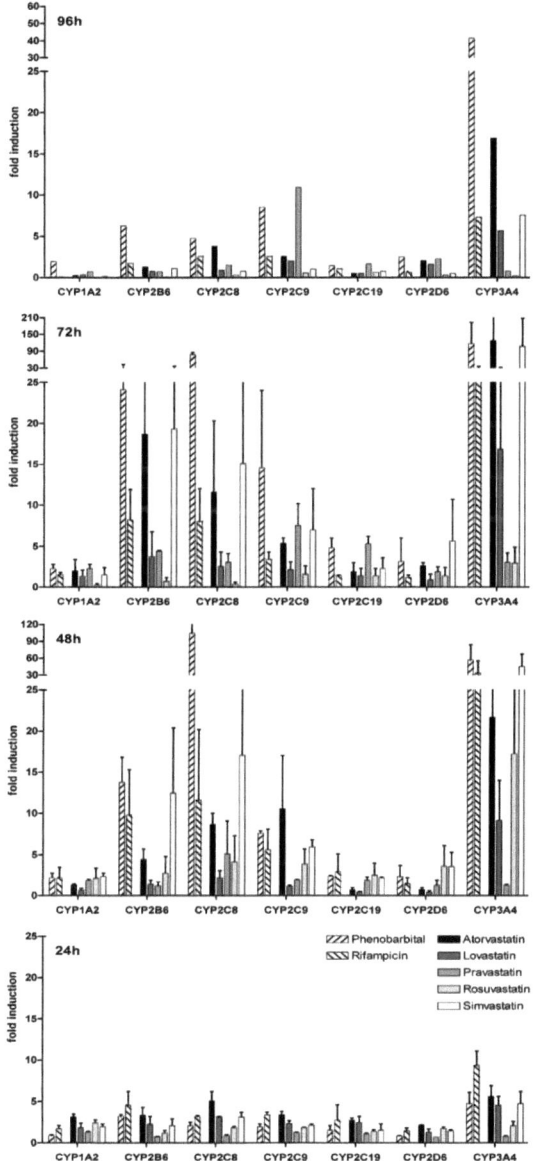

Abbildung 17: Induktion von P450 mRNA nach Statinbehandlung und prototypischen Induktoren. Die Behandlung der Hepatozyten erfolgte wie in Abbildung 16 beschrieben. Nach 24, 48, 72 und 96 Stunden wurden die Zellen geerntet und die Gesamt-RNA aufgearbeitet. Die Quantifizierung erfolgte nach der cDNA-Synthese mit spezifischen TaqMann Assays in Dreifachbestimmung

2. Ergebnisse

Tabelle 2: Maximale Induktion von Cytochrom P450 mRNA und Aktivität nach Statinbehandlung von humanen Hepatozyten.
[a] Dargestellt ist die max. gemessene Induktion zu den verschiedenen Zeitpunkten. Diese sind jeweils in der Klammer angegeben.

CYP		Phenobarbital	Phenobarbital	Rifampicin	Atorvastatin	Lovastatin	Pravastatin	Rosuvastatin	Simvastatin
CYP1A2	mRNA	2,3 (72)[a]	2,2 (48)	3,2 (24)	1,9 (24)	2,3 (72)	2,4 (24)	2,4 (48)
	Aktivität	2,4 (96)	2,1 (72)	2,2 (48)	1,9 (48)	1,6 (48)	2,0 (48)	2,1 (48)
CYP2B6	mRNA	24,1 (72)	9,8 (48)	18,7 (72)	3,8 (72)	4,4 (72)	1,2 (24)	19,3 (72)
	Aktivität	10,5 (72)	11,1 (96)	11,1 (72)	3,0 (48)	0,9 (96)	0,7 (48)	4,2 (72)
CYP2C8	mRNA	104,3 (48)	11,6 (48)	11,6 (72)	3,1 (24)	5,1 (48)	4,2 (48)	17,1 (48)
	Aktivität	7,1 (72)	8,3 (72)	19,7 (72)	9,9 (72)	1,6 (48)	6,0 (72)	10,6 (72)
CYP2C9	mRNA	14,6 (72)	5,6 (48)	10,5 (48)	2,7 (96)	8,3 (96)	3,9 (48)	7,0 (72)
	Aktivität	6,5 (96)	6,2 (96)	8,8 (72)	3,1 (96)	1,6 (96)	2,1 (72)	4,1 (72)
CYP2C19	mRNA	4,8 (72)	3,0 (48)	2,7 (24)	2,4 (24)	5,3 (72)	2,6 (48)	2,3 (72)
	Aktivität	1,5 (48)	2,8 (48)	1,8 (48)	1,8 (48)	1,0 (48,96)	1,6 (72)	2,4 (72)
CYP2D6	mRNA	3,2 (72)	1,5 (48)	2,7 (72)	1,6 (96)	2,3 (96)	3,7 (48)	5,7 (72)
	Aktivität	1,1 (48,72)	1,2 (24,48)	3,6 (96)	1,5 (72,96)	1,2 (48,96)	2,8 (96)	1,7 (72,96)
CYP3A4	mRNA	116,2 (72)	33,5 (48)	127,4 (72)	16,8 (72)	3,0 (72)	17,3 (48)	107,3 (72)
	Aktivität	6,8 (72)	5,0 (72)	10,8 (72)	5,2 (96)	1,2 (48)	3,8 (48)	5,7 (48)

2.3 Untersuchung der P450 Aktivität mittels RNA-Interferenz: Strategie und Zielgene

Die Monooxygenase-Funktion der P450 Enzyme hängt entscheidend von der Elektronenübertragung auf die Hämgruppe durch verschiedene Reaktionspartner ab. Daher sollten mehrere potentielle Monooxygenase-Reaktionspartner, die einen Einfluss auf die P450 Aktivität haben könnten, mit Hilfe der RNA-Interferenz herunterreguliert und die mögliche Änderung in der CYP-Aktivität untersucht werden.
Es wurde ein RNAi-System für die Enzyme P450 NADPH Oxidoreduktase (POR), Cytochrom b_5 und die Progesteronrezeptor-Membrankomponenten PGRMC1 und PGRMC2 entwickelt.
Zuerst wurde die Methode der RNAi mit siRNA Nukleotiden in der Zelllinie HepG2 für das Protein POR etabliert (2.4). Anschließend sollte diese Technik auf humane Hepatozyten übertragen werden und dann auf die anderen Monooxygenase-Reaktionspartner erweitert werden.
Da sich aber im Laufe der Entwicklung herausstellen sollte, dass sich die primären humanen Hepatozyten trotz Optimierung der Bedingungen und Methode nicht effizient genug und nicht chargenunabhängig transfizieren lassen, wurde eine lentivirale Methode zur Translokation der siRNAs in die Zellen entwickelt. Dafür wurde das »Block-iT^{TM} Lentiviral RNAi Expression System« von Invitrogen verwendet. Da die Virusproduktion auch mit diesem trotzdem noch sehr zeitaufwendig und teuer ist, wurde ein zusätzliches Projekt zur vorherigen Überprüfung der Funktionsfähigkeit der siRNA Sequenzen eingebaut (Shiromi Baier, Diplomarbeit 2009). Hier wurden mit Hilfe des psiCHECK2 Vektorsystems (Reportergen basierter Luziferase-Assay) die Funktionalität der si- bzw. shRNAs im Zellkultursystem getestet, bevor diese für die Virusproduktion zum Einsatz kamen. Für jedes Gen wurden vier verschiedene siRNA Sequenzen ausgewählt, die hinsichtlich ihrer Funktionalität für den beabsichtigten Knock-Down geprüft wurden (Shiromi Baier, Diplomarbeit 2009). Davon wurden die zwei besten selektioniert und für die Herstellung der viralen Partikel sowie die anschließende Transduktion der humanen Hepatozyten verwendet.
Die Auswirkung des Knock-Downs der möglichen Monooxygenase-Reaktionspartner auf die Aktivität der P450 Targetgene wurde mit dem neu entwickelten Cocktail-Assay gemessen.

2. Ergebnisse

2.4 siRNA Transfektionseffizienz und POR Knock-Down in HepG2 Zellen

Der Knock-Down der P450 Oxidoreduktase (POR) mittels RNA-Interferenz wurde zuerst in der Zelllinie HepG2 etabliert, bevor er in humanen primären Hepatozyten angewendet wurde. Vier verschiedene POR spezifische siRNAs wurden mit Hilfe von siRNA Design Centern oder siRNA Datenbanken unterschiedlicher Firmen erstellt und ausgewählt. Die verwendeten siRNA Sequenzen sind in Tabelle 11 dargestellt. Als Negativkontrolle wurden validierte und handelsübliche siRNAs (Non-targeting siRNA), die keine Homologie zu einem humanen Gen aufweisen, benutzt.

Die Transfektionseffizienz der Zellen wurde mit einer Fluoreszenz markierten Nontargeting siRNA mittels FACS-Analyse (Fluorescence Activated Cell Sorting) bestimmt (Abbildung 18).

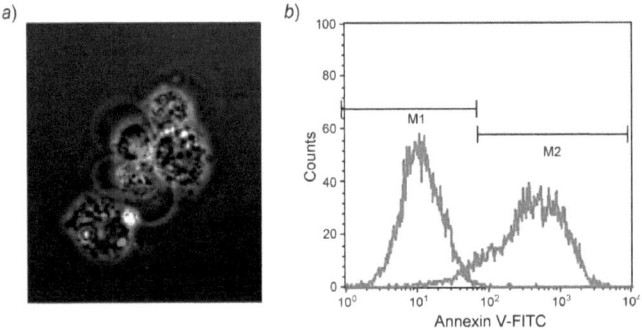

Abbildung 18: Magnet basierte Transfektion (MATra) in HepG2 Zellen.
a) Die Transfektionseffizienz einer Fluorescein markierten siRNA wurde mit einem konfokalen Lasermikroskop 6 h nach der Transfektion überprüft. Das grüne Leuchten innerhalb der Zelle zeigt die Aufnahme der markierten siRNA.
b) Die Auswertung der Transfektionseffizienz erfolgte mittels FACS-Analyse (Fluorescence Activated Cell Sorting). Das Histogramm zeigt die Häufigkeitsverteilung der Marker M1 und M2, die die Fluoreszenzintensitäten angeben. M1 zeigt die Intensität des Backgrounds untransfizierter HepG2 Zellen. Die Verteilung M2 illustriert eine 94 %ige Transfektionseffizienz einer aufgenommen fluoreszierenden siRNA.

Da die Zelllinie HepG2 das höchste POR-Aktivitätsniveau (Tabelle 3) von mehreren getesteten Zelllinien aufwies (Huh7, V79, IHH; Daten nicht gezeigt) und sie mit der MATra-Methode effizient transfiziert werden konnten, wurde diese zur Etablierung des POR Knock-Down verwendet. Anschließend sollte die bestgeeignete siRNA im Hepatozytensystem zum Einsatz kommen. Optimierungsparameter waren neben der Zelldichte, das Verhältnis siRNA zum Transfektionsreagenz, die absolute Menge oder Konzentration der siRNA und die Inkubationszeit der siRNA mit den MATra Nanopartikeln.

2. Ergebnisse

Tabelle 3: Mittels Cytochrom C Assay gemessene POR Aktivität in verschiedenen Zellsystemen. Es wurden 50 µg Protein pro Assay eingesetzt. Nur für die Lebermikrosomen wurden 20 µg Protein verwendet.

Zelllinie	POR Aktivität [U/mg Gesamtzellhomogenat]
HepG2	0,013 ± 0,002
humane Hepatozyten	0,033 ± 0,026
Lebermikrosomen	0,085 ± 0,013
HepaRG	0,044 ± 0,006

Die besten Transfektionsergebnisse von über 90% wurden bei einer Zelldichte von 2×10^5 / 6 Well (entspricht $2\times10^4/cm^2$), einer Oligonukleotidkonzentration von 100 nM, einem MATra zu siRNA Verhältnis von 1:1, einer Präinkubation dieser beiden von 20 min und 15 min Transfektion auf der Magnetplatte, erreicht.
In den HepG2 Zellen zeigte sich ein besonders guter Knock-Down auf mRNA-Ebene für die »prä-designte« siRNA von Ambion und eine schon von Dharmacon validierte siRNA POR1 (Tabelle 11) (s. »Vergleich siRNAs« in Masterthesis, Diana Feidt 2006). Hier wurde jedoch im folgenden mit der siRNA POR1 weitergearbeitet und ein Zeitprofil von 48 bis 96 h für die POR Regulation untersucht.
Die POR mRNA wurde mittels quantitativer RT-PCR (Real Time PCR) bestimmt und zeigte ein 89%iges Silencing 48 Stunden nach der Transfektion. Auf Proteinebene ließen sich als Folge daraus, im Western Blot nach 96 Stunden, nur noch 26% Restprotein quantifizieren (Abbildung 19).

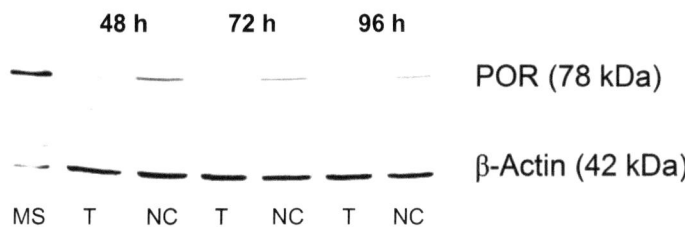

Abbildung 19: Western Blot Analyse des POR Proteins in transfizierten HepG2 Zellen. T zeigt die mit der siRNA POR1 (Dharmacon, validiert) transfizierten Zellen, NC die Non-targeting Negativkontrolle (siRNA DF9) zu unterschiedlichen Zeitpunkten. Alle Proben wurden auf ß-Actin normiert. Als Positivkontrolle für die Färbung ist zusätzlich der humane Lebermikrosomenpool aufgetragen (MS).

2. Ergebnisse

Die Aktivität der Reduktase wurde durch Reduktion von Cytochrom c gemessen und lag zu allen 3 Messzeitpunkten unter der Detektionsgrenze. Diese Daten bestätigen einen effektiven Knock-Down des Gens POR in HepG2 Zellen auf allen Expressionsebenen (Abbildung 20). Die entsprechenden siRNAs wurden daher in humanen Hepatozyten verwendet.

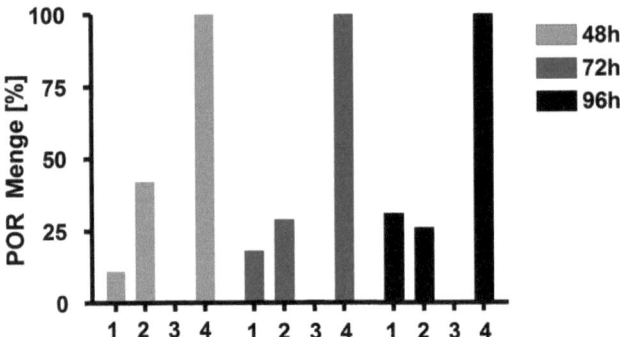

Abbildung 20: Auswirkung der POR Expression in HepG2 Zellen nach Transfektion der siRNA POR1 (Dharmacon, validiert).
Nach 48, 72 und 96 h wurden mRNA (Balken 1), Protein (Balken 2) und Aktivität (Balken 3) der Reduktase bestimmt. Die Daten wurden auf die Non-targeting Negativkontrolle DF9 normiert (Balken 4). Die mRNA-Menge wurde mittels quantitativer PCR ermittelt und auf 18S rRNA normalisiert. POR Protein wurde durch Western Blot Analyse detektiert und die Aktivität durch Reduktion von Cytochrom c gemessen.

2.5 siRNA Transfektionseffizienz und POR Knock-Down in humanen Hepatozyten

Verschiedene humane Hepatozytenchargen zeigten sich in ersten Experimenten weniger effizient transfizierbar und auch deutlich variabler bezüglich des POR Knock-Downs als die HepG2 Zelllinie.
Die hohe Variabilität der Transfektionen (Abbildung 21) kann durch interindividuelle Unterschiede der Patienten, z.B. in der Krankengeschichte oder dem Gesundheitszustand und auch durch die Qualität der Hepatozyten selbst (z.B. durch die Isolierung), erklärt werden.

2. Ergebnisse

Bei optimierten Bedingungen konnte in primären humanen Hepatozyten mit der Magnetofektion eine Transfektionseffizienz von bis zu ca. 65 % erzielt werden (Abbildung 21). Dies ist die zur Zeit wohl höchste Effizienz, die mit einer nicht-viralen Methode erreicht wurde.

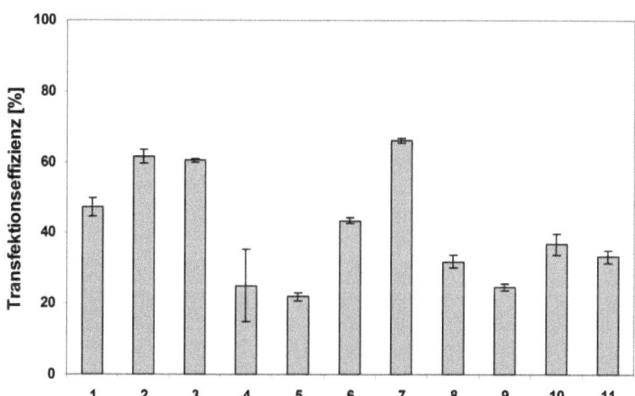

Abbildung 21: Transfektionseffizienz von 11 Hepatozytenchargen verschiedener Patienten. Die Zellen wurden mit einer Zelldichte von 1×10^5 Zellen/cm2 ausgesät. Eine Non-targeting mit Fluorescin markierte siRNA wurde zur Transfektion verwendet und die Transfektionseffizienz mittels FACS-Analyse bestimmt.

Trotz der Transfektionsschwierigkeiten konnte generell auf mRNA-Ebene auch in humanen Hepatozyten ein guter Knock-Down der P450 Reduktase erzielt werden. Die Abbildung 22 zeigt für zwei unabhängige RNA-Interferenz Experimente die Ergebnisse des POR Knock-Downs auf mRNA, Protein und Aktivitätsebene sowie den Einfluss auf weitere Enzyme. Da Experimente in humanen Hepatozyten im Regelfall materiallimitierend sind, wurde nur ein Zeitpunkt für die Analytik gewählt, um alle 3 Expressionslevel untersuchen zu können. Basierend auf den Ergebnissen in der HepG2 Zelllinie (Zeitpunkt für guten Knock-Down von RNA, Protein und Aktivität) wurden die Hepatozyten 72 h nach der Transfektion geerntet und aufgearbeitet. Es konnte durchschnittlich eine 30%ige Restexpression der POR mRNA und einem mehr als 40% reduziertes Protein nachgewiesen werden. Die Cytochrom c Aktivität war im Vergleich zur Kontrolle (DF9) um 25% vermindert.

Interessanterweise zeigte sich bei der Untersuchung der P450 Enzyme ein zweifacher Anstieg der CYP3A4 mRNA-Expression, untermauert von einer nicht ganz so starken, aber dennoch deutlichen Proteininduktion und einer Steigerung der Testosteron 6ß-Hydroxylase-Aktivität. Dieser Effekt schien spezifisch für das CYP3A4, denn die Proteinmenge für die CYPs 1A2 und 2D6 waren nahezu unverändert. Für diese wurde nur der Proteingehalt analysiert. Die Abbildung 22 demonstriert keinen signifikanten Einfluss der Magnetofektion selbst oder der Non-targeting siRNA auf die Expression eines Phänotypes dieser Gene. Die unbehandelten Zellen zeigten nur unwesentliche Unterschiede zur Negativkontrolle (Non-targeting siRNA).

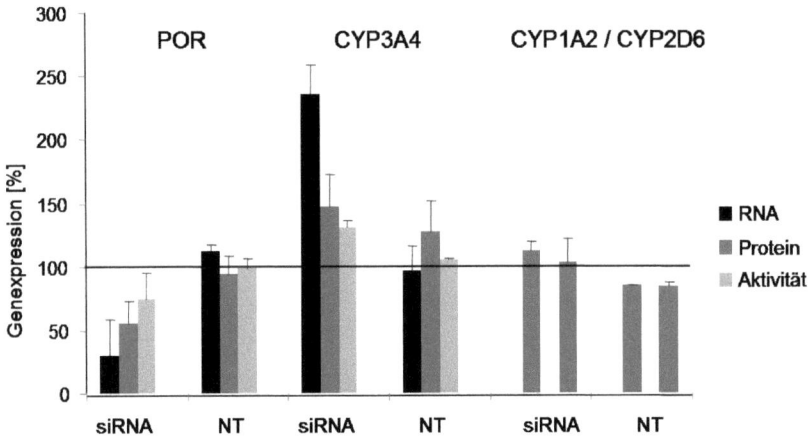

Abbildung 22: Einfluss und Effekt der siRNA POR1 auf die Expression von POR, CYP3A4, CYP1A2 und CYP2D6 in primären humanen Hepatozyten.
In zwei unabhängigen Hepatozytenchargen wurde mit der MATra-Methode die siRNA POR1 transfiziert. Die Zellen wurden nach 72 h geerntet und die Expression verschiedener Gene mittels quantitativer TaqMan RT-PCR (POR und CYP3A4), Western Blot Proteinanalyse (POR, CYP3A4, CYP1A2 und CYP2D6) und Aktivitätsmessungen (POR: Cytochrom c Reduktion; CYP3A4: 6ß-Hydroxylierung) analysiert. siRNA: mit siRNA POR1 transfizierte Zellen; UT: Untreated, unbehandelte Zellen.

2.6 HepaRG Zellen als potentielle Alternative für humane Hepatozyten

Als weitere Alternative zum Knock-Down der P450 Reduktase in humanen Hepatozyten wurde die Hepatomazelllinie HepaRG herangezogen, die nach einer speziellen Behandlung auch P450 Enzyme exprimiert und uns in drei Chargen von der Firma Biopredic aus Frankreich zur Verfügung gestellt wurde. In dieser wurden auch POR Knock-Down Experimente mit transfizierten siRNA Oligonukleotiden durchgeführt.

2. Ergebnisse

Außerdem wurde für die folgenden Knock-Down Experimente der neu entwickelte Cocktail-Assay zur Detektion der P450 Aktivitäten eingesetzt, um mögliche Auswirkungen des Knock-Downs verschiedener Zielgene auf die P450 Targetgene systematisch untersuchen zu können.

2.6.1 Charakterisierung der HepaRG Zelllinie

Die HepaRG Zellen, die uns von der Firma Biopredic aus Frankreich zur Verfügung gestellt wurden (3 Chargen), wurden auf Expression und Aktivität der P450 Enzyme, sowie die möglichen CYP-Interaktionspartner POR, PGRMC1 und PGRMC2 untersucht. Dazu wurde die RNA-Expression der CYPs 1A2, 2B6, 2C9, 2C19, 2D6 und 3A4, sowie POR, PGRMC1 und PGRMC2 gemessen. Auf Proteinebene wurden mittels Western Blot die CYPs 1A2, 2D6, 3A4 und POR nachgewiesen. CYP-Aktivitäten konnten mit dem in der Entwicklung stehenden Cocktail-Assay und für die P450 Reduktase mit dem »Cytochrom c Reduktase Assay« bestimmt werden.
(Cocktail-Assay in der Entwicklung: deswegen für diese drei Chargen und humane Hepatozyten mit unterschiedlichen Substratzusammensetzungen gemessen)

Nach der Charakterisierung wurden POR Knock-Down Experimente durchgeführt und P450 Expression sowie Aktivitäten gemessen. Mit der ersten Charge wurde nur ein, mit den beiden anderen Chargen zwei Knock-Down Experimente durchgeführt.

Absolute Qualifizierung der RNA-Expression für POR und verschiedene CYPs
In den einzelnen HepaRG Chargen wurden unterschiedliche Gene als Kopienzahl pro ng RNA quantifiziert und mit dem Expressionslevel von zwei humanen Hepatozytenchargen verglichen.

Tabelle 4: Absolute Quantifizierung der RNA-Expression für die P450 Reduktase und verschiedene CYP-Enzyme.
Die Werte zeigen die Kopien pro ng RNA ohne eine Normierung auf die 18S rRNA.

RNA absol. Quantifiz. [Kopien/ng RNA]	Charge 1 (080416)		Charge 2 (080806+080812)		Charge 3 (080930+081007)		HH 080320	HH 080329
	Exp.1	Exp.2	Exp.1	Exp.2	Exp.1	Exp.2		
POR	3209	-	2558	1420	669	427	962	5430
CYP1A2	-	-	67	55	-	-	-	-
CYP2C19	-	-	486	465	-	-	-	-
CYP2D6	-	-	4	2	24	23	205	158
CYP3A4	72542	-	29451	27057	11338	7089	1987	6888

2. Ergebnisse

In den HepaRG Zellen wurde eine Kopienzahl von POR nachgewiesen, die im gleichen Bereich lag wie die von humanen Hepatozyten (abhängig von der Charge). Für das CYP3A4 wurde eine bis zu 35-fach höhere Expression als in den Hepatozyten nachgewiesen. Das Enzym CYP2D6 wurde in der ersten Charge auf RNA-Ebene gar nicht und in den beiden anderen Zellchargen nur mit einer sehr geringen Kopienzahl quantifiziert. Die absolute Expression der CYPs 1A2 und 2C19 wurden nur in der zweiten Charge gemessen und zeigten eher geringe, aber noch gut nachweisbare Kopienzahlen der beiden Enzyme.

Die Expression der Gene PGRMC1 und PGRMC2, sowie CYP2B6 und CYP2C9 wurden nicht absolut quantifiziert, aber waren in der Zelllinie nachweisbar.

Proteinnachweis mit Western Blot Analyse für POR und verschiedene CYPs

Für die Reduktase und das CYP3A4 konnte das entsprechende Protein deutlich im Western Blot nachgewiesen werden. Hingegen wurden für CYP1A2 und CYP2D6 nur sehr schwache Bande detektiert, was mit den eher geringen Kopienzahlen der RNA-Quantifizierung übereinstimmt (Tabelle 4).

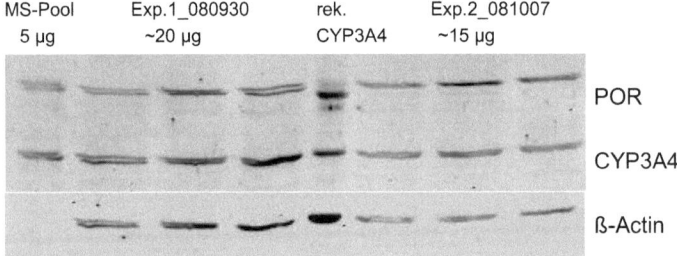

Abbildung 23: Western Blot Analyse der Proteine POR, CYP3A4 und ß-Actin in HepaRG Zellen von zwei Experimenten (080930 und 081007) der Charge 2.
Die Abbildung zeigt jeweils 3 Proben der HepaRG Zellen aus dem 1. Experiment (~20 µg) und dem 2. Experiment (~15µg). Als Positivkontrolle wurde eine Probe humaner Lebermikrosomenpool (MS) und rekombinantes CYP3A4 (Microsomes™ BD Biosciences, CYP3A4 mit POR) aufgetragen.

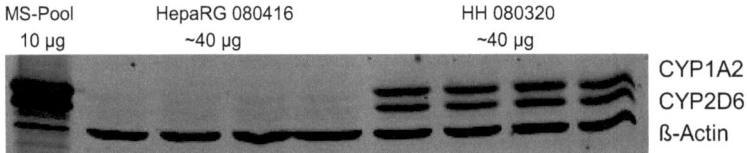

Abbildung 24: Western Blot Analyse der Proteine CYP1A2, CYP2D6 und ß-Actin in HepaRG Zellen der Charge 1, sowie humanen Hepatozyten (HH).
Als Positivkontrolle wurde eine Probe humaner Lebermikrosomenpool (MS) aufgetragen.

2. Ergebnisse

Bestimmung der Enzymaktivität für POR und verschiedene CYPs

Zum Nachweis der P450 Reduktase Aktivität wurde der »Cytochrom c Reduktase Assay« verwendet. Hier konnte eine Aktivität von durchschnittlich 0,044 U/mg Protein (Tabelle 5) bestimmt werden. Dies waren ca. 30% mehr, als im Durchschnitt in humanen Hepatozyten gemessen wurde.

Die Aktivität verschiedener P450 Enzyme wurde mit spezifischen Substraten im Cocktail-Assay bestimmt. Die Konzentration und Zusammensetzung der Substrate im Assay waren zu diesem Zeitpunkt noch abweichend von der finalen Cocktail-Assay Zusammensetzung (Vergleich Tabelle 1), da der Assay noch im Entwicklungsstadion war.

Das Substrat Atorvastatin (AT) wurde erst ab dem Zeitpunkt der 2. HepaRG Charge im Cocktail-Assay verwendet. Vorher wurde Testosteron (TS) mit einer Konzentration von 100 µM eingesetzt. Für das Enzym CYP2B6 wurde die N-Demethylierung von S-Mephenytoin (SM), welches auch als Substrat für CYP2C19 verwendet wurde, bestimmt. Außerdem wurden die Substrate Phenacetin (PA) und Tolbutamid (TB) noch mit doppelt so hoher Konzentration (100 µM, 200 µM) im Assay eingesetzt.

Bis auf das CYP1A2 ließen sich für alle untersuchten Enzyme (die CYPs 2B6, 2C8, 2C9, 2C19, 2D6 und 3A4) mit dem Cocktail-Assay die Metabolite der entsprechenden Substrate nachweisen. Für CYP1A2 war die Acetaminophen-Bildungsrate nur in der ersten Charge messbar.

Tabelle 5: POR- und P450 Aktivitäten in unbehandelten HepaRG Zellen.
Die POR Aktivität wurde mit dem »Cytochrom c Reduktase Assay«, die der P450 Aktivitäten mit dem Cocktail-Assay bestimmt. Die Aktivitäten wurden jeweils zwei Tage nach der Transfektion in unbehandelten Zellen gemessen.
n.d.: nicht detektierbar, * messtechnische Probleme, ** die N-Demethylierung von S-Mephenytoin wurde als CYP2B6 Aktivität bestimmt, *** nur in der ersten Charge wurde Testosteron (TS) als Substrat verwendet.

Cytochrom c [U/mg] Cocktail-Assay [pmol/min/Well einer 24Well-Platte]	Charge 1 (080416)		Charge 2 (080806+080812)		Charge 3 (080930+081007)	
	Exp.1	Exp.2	Exp.1	Exp.2	Exp.1	Exp.2
POR	-	-	0,049	0,035	0,044	0,048
CYP1A2 (PA)	14,8	-	n.d.	n.d.	n.d.	n.d.
CYP2B6 (SM)**	-	-	1,39	*	1,35	*
CYP2C8 (AD)	-	-	14,6	7,82	*	*
CYP2C9 (TB)	0,5	-	0,71	0,97	0,73	0,6
CYP2C19 (SM)	0,73	-	1,37	2,03	2,3	1,53
CYP2D6 (PPF)	*	-	1,09	1,03	1,48	0,46
CYP3A4 (TS bzw. AT)***	83,2	-	0,43	0,49	0,08	0,08

2. Ergebnisse

2.6.2 siRNA Transfektionseffizienz und POR Knock-Down in HepaRG Zellen

Die Zellen der HepaRG Zelllinie wurden zum POR Knock-Down im 24 Well Format mit der siRNA POR 1 und der Non-targeting Negativkontrolle DF9 transfiziert. Außerdem wurde die Transfektionseffizienz mit der Fluoreszenz markierten Allstars Negativkontrolle bestimmt. Zum Nachweis des "Knock-Downs« wurde die Zellen nach 48 h geerntet und die Reduktase Expression mittels TaqMan Analyse quantifiziert. In der 2. und 3. Zellcharge wurde außerdem die Aktivität des POR Proteins mit dem »Cytochrom c Reduktase Assay« gemessen.
Ferner wurde die Expression und Aktivität der CYP-Enzyme als mögliche Auswirkung auf den POR Knock-Down untersucht.

In den Zellchargen 1 und 3 wurden Transfektionseffizienzen von ca. 50% erreicht. Bei der Charge 2 wurde für beide Transfektionen eine geringere Effizienz von ungefähr 30% gemessen.
Auf RNA-Ebene konnte ein erfolgreicher Knock-Down der Reduktase nachgewiesen werden. Die RNA-Expression wurde um 40-60% herunterreguliert, was in den Chargen 2 und 3 zu einer 30% verminderten Proteinaktivität führte (Tabelle 6).
Das Expressionsmuster der CYP-Enzyme ließ sich weder Chargen noch Experiment bedingt (Exp. 1 oder 2) hinsichtlich des POR Knock-Downs erklären (Tabelle 6).

Tabelle 6: POR Knock-Down in der HepaRG Zelllinie 48 h nach der Transfektion.
Die Restaktivität der Reduktase wurde mittels »Cytochrom c Reduktase Assay« bestimmt. Die RNA-Expression der verschiedenen Gene wurde mit spezifischen TaqMan Assays gemessen. Die Aktivitäten sowie auch die RNA Daten wurden auf die Non-targeting Negativkontrolle DF9 (entspricht 100%) normiert.
T.E.: Transfektions-Effizienz

	Charge 1 (46% T.E.)		Charge 2 (31, 26% T.E.)		Charge 3 (47, 50% T.E.)	
	Exp.1	Exp.2	Exp.1	Exp.2	Exp.1	Exp.2
POR Restaktivität [%]	-	-	72	71	70	70
RNA Expression nach POR KD [%]						
POR	60	-	40	49	44	61
CYP1A2	79	-	143	91	145	99
CYP2B6	-	-	82	82	119	88
CYP2C9	-	-	115	123	108	204
CYP2C19	-	-	125	92	115	116
CYP2D6	0	-	88	64	88	111
CYP3A4	100	-	79	76	141	101
PGRMC1	135	-	-	-	-	-
PGRMC2	nachweisb.	-	-	-	-	-

2. Ergebnisse

Die mit dem Cocktail-Assay gemessenen CYP-Aktivitäten gaben 48 h nach Transfektion keinen Hinweis auf einen Zusammenhang mit dem Knock-Down der Reduktase. In den Experimenten der Charge 1 und 2 wurde z.b für das Enzym CYP3A4 ein leichter Rückgang in der Aktivität detektiert, bei Charge 3 eine minimale Zunahme. Sie sind in Tabelle 7 dargestellt.

Tabelle 7: Gemessene CYP-Aktivitäten 48 h nach dem POR Knock-Down in HepaRG Zellen. Die Werte zeigen die prozentuale Aktivität jedes Enzyms gemessen mit dem spezifischen Substrat normiert zur Non-targeting Negativkontrolle DF9 (diese entspricht 100%).

Aktivität [%]	Charge 1 (46% T.E.)		Charge 2 (31, 26% T.E.)		Charge 3 (47, 50% T.E.)	
	Exp.1	Exp.2	Exp.1	Exp.2	Exp.1	Exp.2
POR Restaktivität [%]	-	-	72	71	70	70
CYP1A2	112	-	-	-	-	-
CYP2B6	-	-	71	-	84	77
CYP2C8	-	-	78	97	-	-
CYP2C9	72	-	61	-	64	95
CYP2C19	87	-	79	84	79	84
CYP2D6	-	-	83	109	79	85
CYP3A4	93	-	84	102	112	112

2.7 Produktion lentiviraler Partikel

Da die Transfektionseffizienz in den Hepatozyten und HepaRG Zellen auch bei gleichbleibenden Bedingungen oft sehr unterschiedlich (Abbildung 21) und zudem der Knock-Down auf Protein- und Aktivitätsebene nicht immer signifikant war, wurde ein virales System zur Translokation der siRNA in die humanen Leberzellen entwickelt. Von diesem wurde eine weniger schwankende und auch höhere Transfektionseffizienz und dadurch eine standardisiertere RNA-Interferenz erhofft.

Für die Infektion von humanen Hepatozyten musste ein geeignetes System etabliert und optimiert werden, welches nach der Transduktion die gewünschte shRNA exprimiert, um so eine RNA-Interferenz auslösen zu können.

Die Produktion von lentiviralen Partikeln erfolgte mit Hilfe des von Invitrogen angebotenen »Vira Power^{TM} Lentiviral Gateway® Expression Kit«. Ein entscheidender Vorteil von Lentiviren ist, dass sie auch sich nicht teilende Zellen infizieren können und zudem sehr wirtsspezifisch sind. Ferner integriert sich das Virus ins Genom der Wirtszelle, die somit die gewünschte Information dauerhaft exprimieren kann.

2. Ergebnisse

Es wurden verschiedene virale Partikel mit jeweils zwei unterschiedlichen shRNAs gegen die Gene POR, Cytochrom b_5, PGRMC1 und PGRMC2 hergestellt. Als Kontrollen wurde ein Virus, das ein »leeres« pLenti-Plasmid trägt (sogenanntes Mock-Virus) sowie zwei weitere Negativkontroll-Viren, die je eine Non-targeting shRNA-Sequenz in sich tragen (DF9, DF10), konstruiert. Die Nukleotidsequenzen der verschiedenen shRNAs sind in Tabelle 12 angegeben. Das Mock-Virus (engl. mock = Attrappe) besitzt die gleichen Eigenschaften wie die eigentlichen Expressionsvektoren, jedoch ohne das shRNA-Transgen zu exprimieren. Dieses Virus sollte helfen, den Einfluss der Transgenexpression von Effekten, die durch die Virusinfektion an sich ausgelöst werden können, zu untersuchen. Im Idealfall sollten daher weder die Non-targeting shRNA-Negativkontrollen, die keine Homologie zu einem humanen Gen besitzen, noch die Mock-Kontrolle messbare Effekte auslösen.

Die lentiviralen Partikel wurden mit Hilfe der 293FT Zelllinie produziert. Dazu wurden die drei Verpackungsplasmide des Kits mit dem spezifischen pLenti-Expressionsplasmid (Abbildung 25) in die 293FT-Zellen transfiziert und die viralen Partikel nach einigen Tagen aus dem virushaltigen Medium gewonnen.

Der pLenti-Vektor (Abbildung 25), der vom Virus bei der Infektion übertragen wird, exprimiert die »gewünschte« shRNA und das enhanced Green Fluorescence Protein (eGFP) mit dem Verstärkerelement WPRE (Woodchuck Posttranscriptional Regulatory Element) in den Zielzellen. Durch diese lassen sich infizierte von nicht infizierten Zellen durch die eGFP-Expression sowohl optisch unterscheiden, als auch eine prozentuale Infektionseffizienz mittels FACS oder TaqMan Analyse bestimmen.

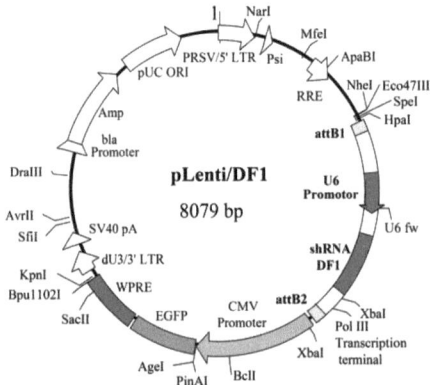

Abbildung 25: pLenti-Expressionsplasmid DF1 welches bei der Virustransduktion in die Zielzellen übertragen wird.
Neben der shRNA, hier DF1, wird über einen CMV-Promotor das Reportergenkonstrukt eGFP exprimiert und durch das WPRE-Element verstärkt.

2. Ergebnisse

2.7.1 Aufkonzentrierung der Viruspartikel

Die Zellkulturüberstände der 293FT Zellen wurden 24, 48 und 120 Stunden nach der Transfektion der Verpackungsplasmide und dem pLenti-Vektor geerntet und die Viruspartikel im Medium mit Polyethylenglykol (PEG) aufkonzentriert. Aus einer Virusproduktion in 2 Flaschen (je 175 cm^2 Fläche) konnte ca. 300-400 µl konzentrierte Virussuspension gewonnen werden.

In der ersten Virusproduktion, die am NMI in Reutlingen durchgeführt wurde, erfolgte ein paralleler Vergleich der Aufkonzentrierungs-Methode mit PEG und einer Ultrazentrifuge. Hier wurde festgestellt, dass durch die Ultrazentrifugation ein ca. 3-fach höher konzentrierter Virus erzielt wurde, was sich in der eGFP-Produktion und somit den grün fluoreszierenden Zellen erkennen ließ (Abbildung 26).

Außerdem besteht bei der Zentrifugationsmethode kein Risiko des Zurückbleibens von Fremdstoffen (wie z.B. PEG-Resten), was die spätere Infektion der Zielzellen beeinflussen könnte.

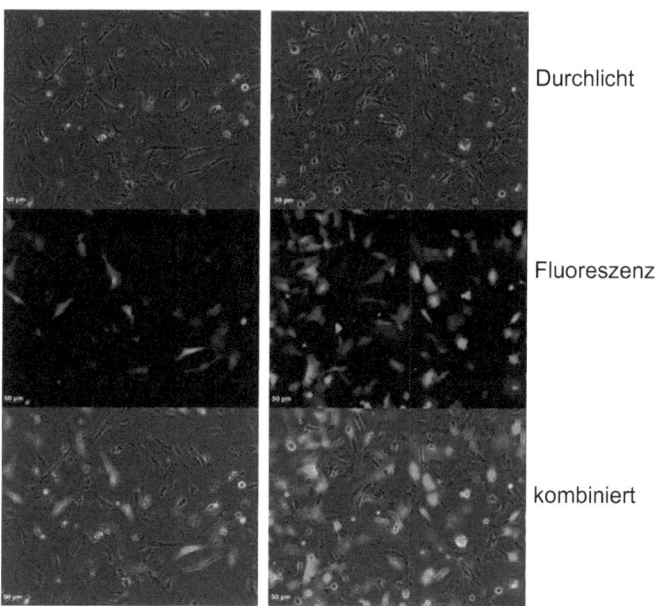

Abbildung 26: HT1080 infizierte Zellen mit aufkonzentrierten Viruspartikeln durch PEG (links) oder Ultrazentrifugation (rechts).
Die Abbildung zeigt eine 10-fach vergrößerte Aufnahme der fluoreszierenden Zellen 4 Tage nach der Infektion mit 2,5 µl des Virus DF9.

2.7.2 Titerbestimmung in HT1080 Zellen

Die Titerbestimmung erfolgte mit der HT1080 Zelllinie, in der für jede Viruscharge die Quantifizierung nicht nur viraler, sondern auch infektiöser Partikel vorgenommen wurde. Zum einen wurde der Virustiter durch Auszählen der grün fluoreszierenden Zellen am Mikroskop oder zusätzlich mit dem FACS quantifiziert. Mit dem Mikroskop wurden für jeweils zwei Viruskonzentrationen bei einer 10-fachen Vergrößerung vier 600000 µm² große Flächen fluoreszierender Zellen ausgezählt und der Virustiter (TU/ml: Transfection Unit/ml) direkt bestimmt (Abbildung 27).
Um den Titer mit dem FACS zu ermitteln, wurden die Zellen abtrypsiniert, gezählt und dann die Anzahl der fluoreszierenden Zellen gemessen (Abbildung 28). Auch hier erfolgte anschließend die Berechnung der TU/ml.
Die Virustiter der mittels PEG konzentrierten Lentipartikel lagen bei einer optimalen Virusproduktion und Titerbestimmung mit dem Mikroskop, im mittleren bis oberen 10^7 TU/ml Bereich. Die mit dem FACS bestimmten Titer lagen bei einer Zelldichte von 3×10^4 Zellen/12 Well etwas höher, als die mit dem Mikroskop ausgezählten Titer (Tabelle 8).

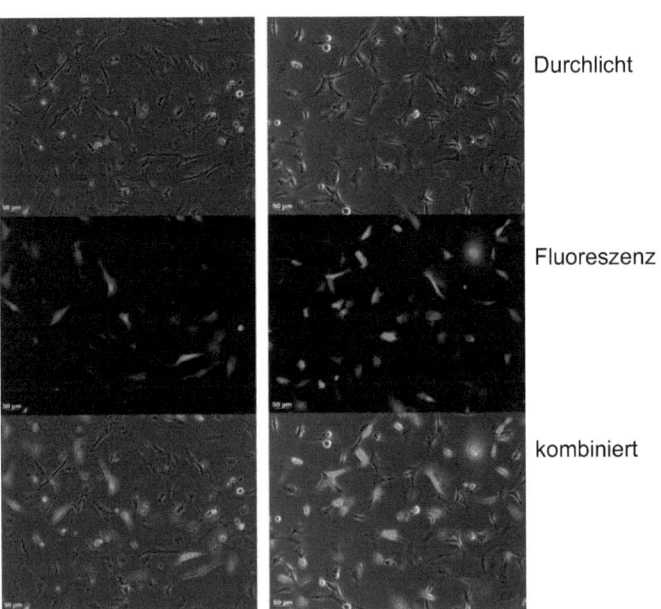

Durchlicht

Fluoreszenz

kombiniert

Abbildung 27: HT1080 Zellen wurden mit 2,5 µl (links) und 5 µl (rechts) viralen, durch PEG konzentrierte DF9 Partikeln behandelt. Die Abbildung zeigt eine 10-fach vergrößerte Aufnahme der Zellen 4 Tage nach der Infektion.

2. Ergebnisse

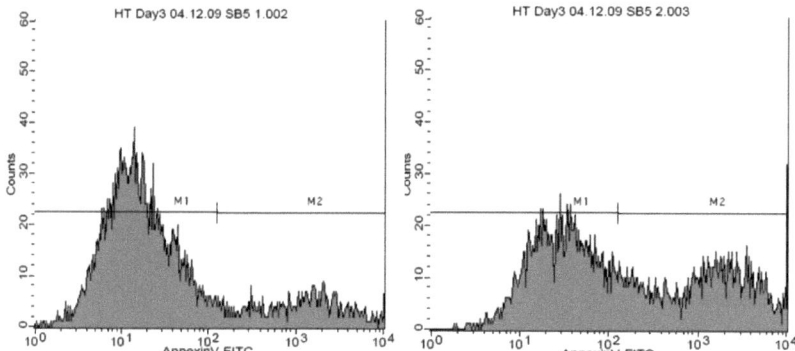

Abbildung 28: EGFP fluoreszierende HT1080 Zellen wurden mittels FACS Analyse quantifiziert. Die Abbildungen zeigen die Fluoreszenz von Zellen nach Transduktion mit 1 µl (links) und mit 2,5 µl (rechts) PEG konzentrierter Virussupension. Die x-Achse gibt die Fluoreszenzintensität der Messung an. Die Marker M1 und M2 unterscheiden das Backgroundsignal (M1: Eigenfluoreszenz nicht transduzierter Zellen) vom GFP-Leuchten der infizierten Zellen (M2). Die Fluoreszenz wurde drei Tage nach der Infektion bestimmt.

Tabelle 8: Gezeigt sind die ermittelten Titer von drei verschiedenen Viruspartikelchargen. Zum einen wurde der Titer mit dem Fluoreszenzmikroskop bestimmt und zusätzlich die gleichen Zellen als Vergleich mit dem FACS gemessen.

Mikroskop	TU/ml	TU/ml	**MW [TU/ml]**
Menge	1 µl	2,5 µl	total
Virus 1	$1,85 \times 10^7$	$1,12 \times 10^7$	**$1,49 \times 10^7$**
Virus 2	$2,03 \times 10^7$	$1,23 \times 10^7$	**$1,63 \times 10^7$**
Virus 3	$2,01 \times 10^7$	$1,84 \times 10^7$	**$1,83 \times 10^7$**

FACS	TU/ml	TU/ml	**MW [TU/ml]**
Menge	1 µl	2,5 µl	total
Virus 1	$2,18 \times 10^7$	$2,26 \times 10^7$	**$2,22 \times 10^7$**
Virus 2	$4,11 \times 10^7$	$2,76 \times 10^7$	**$3,43 \times 10^7$**
Virus 3	$2,40 \times 10^7$	$2,30 \times 10^7$	**$2,35 \times 10^7$**

2.8 Infektion mit lentiviralen Partikeln

2.8.1 HepG2 Zellen

Zuerst wurden die neu entwickelten lentiviralen Partikel zum Knock-Down der P450 Reduktase in HepG2 Zellen getestet. Dazu wurden die Zellen einen Tag vor der Infektion in einer 12 Well-Platte mit einer Zelldichte von 3×10^4 Zellen/Well ausgesät. Unmittelbar vor der Infektion wurde ein Mediumswechsel mit nur 500 µl/Well durch-

2. Ergebnisse

geführt, um eine höhere Konzentration der zugegebenen Viruspartikel zu erreichen. Die Zellen wurden mit dem Virus DF1 (POR) und der Non-targeting Negativkontrolle DF9 mit 1 und 2,5 µl Virussuspension pro Well infiziert. Dies entspricht einer »multiplicity of infection« (MOI) von 2 bzw. 5 für den Virus DF1, mit dem die Reduktase herunter reguliert werden sollte. Die MOI gibt an, wie viele Virenpartikel pro Zelle zur Infektion verwendet werden. Beispielsweise würden bei einer MOI von 2 und 1×10^5 Zellen 2×10^5 virale Partikel benötigt.

Nach 4 Tagen konnte für die POR mRNA-Expression ein Knock-Down von fast 50 % detektiert werden (Abbildung 29). Es zeigte sich kaum ein Unterschied bezüglich der MOI von 2 oder 5.

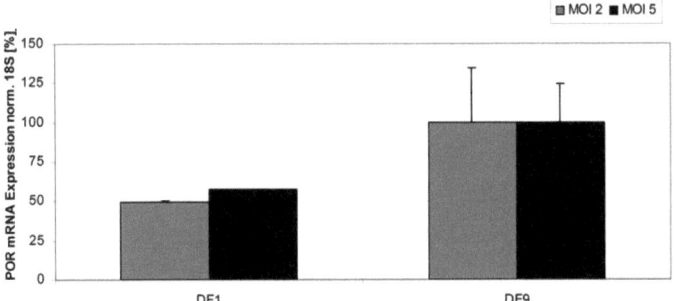

Abbildung 29: HepG2 Zellen wurden mit den viralen Partikeln DF1 (shRNA gegen POR) und DF9 (Non-targeting shRNA) infiziert.
Die mRNA-Expression der P450 Reduktase wurde nach 4 Tagen quantifiziert. Es wurden mindestens 3 Wells infiziert und Duplikate mittels relativer TaqMan Analyse bestimmt.

In diesem Experiment lies sich auch optisch kein signifikanter Unterschied in den grün fluoreszierenden Zellen bei einer Infektion der MOI von 2 oder 5 feststellen (Abbildung 30).

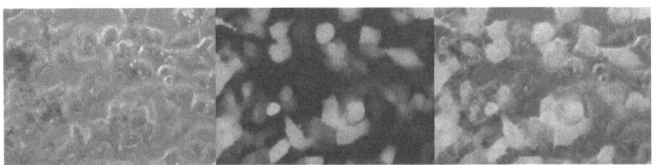

Abbildung 30: Mit MOI 2 infizierte HepG2 Zellen nach 3 Tagen.
Durchlicht, Fluoreszenzlicht, kombiniert.

2.8.2 Humane Hepatozyten-Vorversuche

Es wurden erste Vorversuche zur Infektionsfähigkeit von primären humanen Hepatozyten durchgeführt. In diesen Experimenten sollte herausgefunden werden, bei welcher MOI die Zellen effizient transduziert werden können und wann der geeignete Zeitpunkt der Zelllyse besteht, um daraus mögliche resultierende Effekte analysieren zu können. Dafür wurden Fotos mit dem Mikroskop aufgenommen, Messungen im FACS durchgeführt und Messungen zur Expression verschiedener Gene und P450 Enzymaktivitäten vorgenommen.

Humane Hepatozyten wurden mit unterschiedlichen Mengen viraler Zellkulturüberstände (nicht aufkonzentrierte Viruspartikel) von verschiedenen Erntezeitpunkten (24 oder 48 h nach 293FT-Zellen Transfektion) infiziert. Das Experiment erfolgte im 12 Well-Format mit 1,5 ml absolutem Volumen; mRNA- und FACS-Analysen wurden drei und vier Tage nach der Transduktion durchgeführt. Am Tag 4 wurden außerdem P450 Aktivitäten gemessen.
Das Hepatozytenmedium mit den viralen Überständen wurde täglich bis zu zwei Tage nach der Infektionsbehandlung erneuert, so dass insgesamt drei Mal »frische Viruspartikel« zu den Zellen gegeben wurden.

Zusätzlich wurde die Infektionsrate konzentrierter Viruspartikel bei unterschiedlicher MOI (MOI von 1 bis 10) mit dem FACS bestimmt. Dazu wurden die Hepatozyten an zwei aufeinander folgenden Tagen mit einer 1 bis 10-fachen Menge Viruspartikel wie Zellen im Medium inkubiert (Abbildung 31 und Abbildung 32). Nach drei Tagen wurde die Anzahl der eGFP positiven Zellen mit dem FACS detektiert.
Die viralen Überstände zeigten eine Infektionsrate zwischen 42 und 49%, wohingegen die Infektion mit konzentriertem Virus (MOI 2,5 bis MOI 7,5) wesentlich effektiver war (Abbildung 31).

2. Ergebnisse

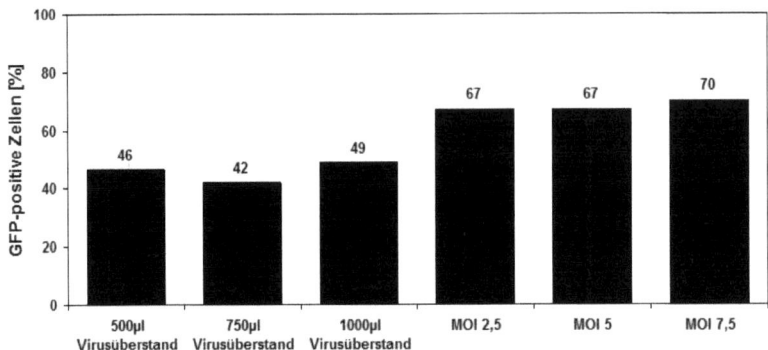

Abbildung 31: Primäre humane Hepatozyten wurden mit unterschiedlichen Mengen an Virusüberstand (48 h) oder aufkonzentrierten Viruspartikeln (MOI 2,5; 5; 7,5) infiziert.
Die Infektionsrate wurde nach drei Tagen mit dem FACS durch die eGFP-Expression und der Zellen bestimmt.

Allerdings zeigte sich hier bei unterschiedlichen Virenchargen, trotz gleich eingesetzter MOI, unterschiedliche Ergebnisse (Vergleich Abbildung 31, Abbildung 32).

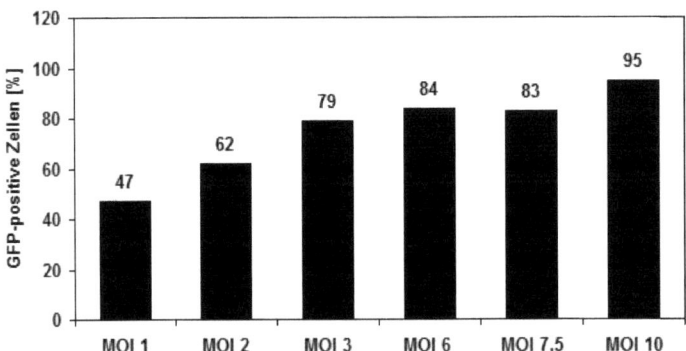

Abbildung 32: Infektion humaner Hepatozyten mit unterschiedlicher MOI (multiplicity of infection) von 1 bis 10.
Die Infektionsrate wurde mit dem FACS anhand der eGFP-positiven Zellen nach drei Tagen bestimmt.

Es ergab sich eine eindeutige Korrelation zwischen eingesetzter Virusmenge und der Infektionsrate. Allerdings sind sehr große Mengen viraler Partikel erforderlich, um eine möglichst über 90%ige Infektionsrate zu erreichen.

Die Infektion der Hepatozyten mit viralen Partikeln lies sich auch optisch mit dem Fluoreszenzmikroskop feststellen. Allerdings war nicht immer ein signifikanter Unterschied in der Anzahl der grün fluoreszierenden Zellen bei unterschiedlichen Virusmengen zu erkennen. Die Abbildung 33 zeigt einen Vergleich transduzierter Hepatozyten am Tag 4 nach der Infektion mit dem MOI 3 und dem MOI 5.

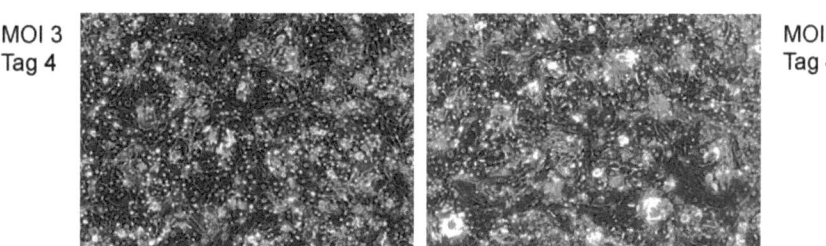

MOI 3 Tag 4   MOI 5 Tag 4

Abbildung 33: Optischer Vergleich der Infektionsrate (grün leuchtende Zellen durch eGFP-Expression) bei MOI 3 (links) und MOI 5 (rechts) in humanen Hepatozyten vier Tage nach Transduktion.

Die Untersuchung des POR Knock-Downs auf mRNA-Ebene zeigte für die Inkubation der Hepatozyten mit den an verschieden Zeitpunkten geernteten viralen Überständen (24, 48 h) unterschiedlich starke Effekte. Abbildung 34 zeigt, dass die nach 24 h geernteten Virusüberstände nur einen sehr geringen Knock-Down bewirkten. Dieser lag für das Konstrukt mit der shRNA DF1 bei 5 bzw. 20 %. Die shRNA DF4 verursachte hier überhaupt keinen Knock-Down, was mit dem Resultat des psi-CHECK2 Vektor System in HepG2 Zellen übereinstimmte (Shiromi Baier, Diplomarbeit 2009).

2. Ergebnisse

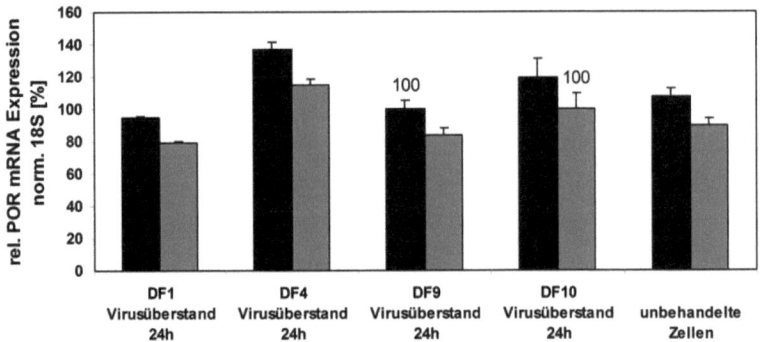

Abbildung 34: POR mRNA-Expression in humanen Hepatozyten nach Inkubation verschiedener viraler Partikel nach drei Tagen.
750 µl unkonzentrierte Viruspartikel, die die shRNAs DF1, DF4, DF9 oder DF10 tragen, wurden benutzt um humane Hepatozyten zu infizieren. Der hier verwendete Virusüberstand wurde 24 h nach der 293FT-Zellen Transfektion geerntet. DF1 und DF4 sind shRNA-Konstrukte gegen das Gen POR. Die mRNA-Expression von POR wurde nach drei Tagen auf die Non-targeting Negativkontrollen DF9 (schwarze Balken) und DF10 (graue Balken) normiert. Unbehandelte Zellen, die nur mit Medium inkubiert wurden, dienten als zusätzliche Kontrolle.

Im Gegensatz dazu zeigte der nach 48 h geerntete Virusüberstand einen deutlich stärkeren Knock-Down der Reduktase als die nach 24 h produzierte Virussuspension. Hier wurde nach 3 Tagen eine Reduktion von 37 bzw. 47 % für das Konstrukt DF1 erreicht (Abbildung 35).

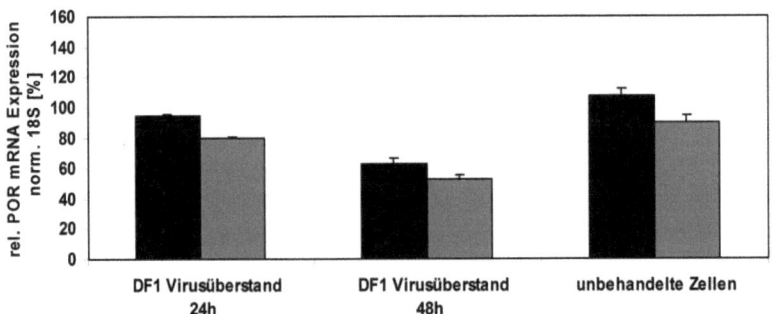

Abbildung 35: POR mRNA-Expression in humanen Hepatozyten nach 3 tägiger Inkubation mit viralen Partikeln, die zu unterschiedlichen Zeitpunkten gewonnen wurden.
Die Infektion von humanen Hepatozyten nach drei Tagen mit 750 µl unkonzentriertem Virusüberstand DF1 (POR), der nach 24 oder 48 h geerntet wurde. Die schwarzen Balken zeigen die Normierung zur Negativkontrolle DF9, die grauen zu DF10.

Die am Tag 4 quantifizierten POR-Level zeigten den gleichen Knock-Down wie am Tag 3, jedoch wurde kein Unterschied in der Aktivität verglichen zu denen mit der Negativkontrolle (Virus DF9) behandelten Zellen festgestellt. Dafür könnte ein zu geringer Knock-Down oder auch ein evtl. zu früher Messzeitpunkt nach der Infektion verantwortlich sein. Für die Enzyme CYP2B6 und CYP2C19 waren aufgrund messtechnischer Probleme keine Aktivitäten messbar.

2.8.3 Infektionsfähigkeit der viralen Partikel

Da nicht genau bekannt war, wie lange die viralen Partikel infektiös sind, wurde bis zur Zellernte kein vollständiger Medienwechsel durchgeführt, sondern immer nur eine Zugabe von 500 µl frischem Hepatozytenmedium vorgenommen (Abbildung 36).

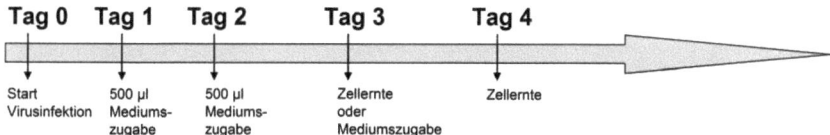

Abbildung 36: Experimentverlauf einer Virusinfektion von humanen Hepatozyten.

Um aber doch möglichst bald nach der Infektion der Zielzellen einen Medienwechsel durchführen zu können, wurde die Dauer der Infektionsfähigkeit der lentiviralen Partikel bestimmt.
Dafür wurden primäre Hepatozyten mit viralen Partieln für 24, 48 und 72 h bei einer MOI von 5 inkubiert und anschließend der abgenommene Überstand auf ein neues Well mit Zellen gegeben, um festzustellen, ob dieser immer noch infektiös ist.

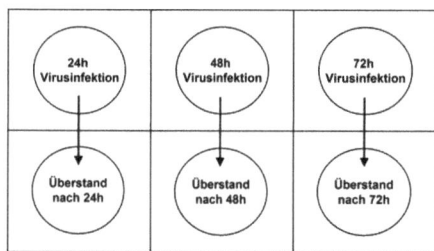

Abbildung 37: Test zur Dauer der Infektionsfähigkeit der lentiviralen Partikel.
Die Mediumsüberstände mit den »restlichen« viralen Partikeln wurden nach 24, 48 und 72 Stunden Primärinfektion abgenommen und auf ein Well unbehandelter Zellen gegeben, um zu überprüfen, ob dieser nach dem entsprechenden Zeitraum immer noch infektiös ist.

2. Ergebnisse

Die durch die eGFP-Expression grün fluoreszierenden Zellen wurden am Tag 4 nach der Infektion mit dem Fluoreszenzmikroskop aufgenommen. Die Abbildung 38 zeigt eine nur geringe Zunahme der grün fluoreszierenden Zellen nach der Infektion über 24, 48 oder 72 h mit den viralen Partikeln. Die Zellen mit der 48 stündigen Virusinkubationsdauer stellte nach 4 Tagen optisch die wohl stärkste Infektionsrate dar (Abbildung 38, Mitte). Die abgenommenen Überstände wiesen nach der Primärinfektion nur noch eine geringe Infektiosität auf.

Daraus resultierend war es ratsam, einen Medienwechsel 48 h nach der Infektion durchzuführen, ohne zu viele noch virale Partikel von den Zellen zu entfernen und gleichzeitig die Hepatozyten mit frischen Nährstoffen zu versorgen.

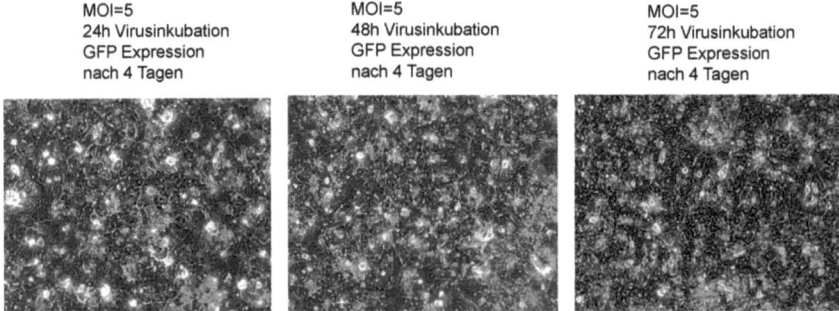

Abbildung 38: Infektion von humanen Hepatozyten nach Inkubation mit viralen Partikeln über 24, 48 und 72 Stunden.
Die Zellen wurden mit viralen Partikeln (MOI 5) für 24, 48 oder 72 h inkubiert und die eGFP-Expression des Virusplasmids am Tag 4 nach der Infektion aufgenommen. Der Virusüberstand wurde entsprechend diesen drei Zeitpunkten von den Zellen abgenommen.

2.8.4 Zusammenfassung der Erfahrungen aus den Vorversuchen mit den humanen Hepatozyten

Anhand der FACS-Messungen und Beobachtungen mit dem Mikroskop wurde festgestellt, dass eine Infektion von primären humanen Hepatozyten mit »nur« viralen Überständen, das bedeutet nicht aufkonzentrierte Viruspartikel, nicht effizient möglich ist. Die FACS-Messungen zeigten fast unabhängig von der Menge der eingesetzten Überstände, eine Infektionseffizienz von maximal 50%. Optisch wurden deutlich weniger als die Hälfte der Zellen als grün fluoreszierend geschätzt.

Die RNA-Quantifizierung zeigte im besten Fall für die herunterzuregulierende Reduktase (POR) nach drei Tagen einen Knock-Down von 37 bzw. 47% (Abbildung 35). Der Vergleich des Knock-Down von viralen Überständen, die nach 24 und nach 48 h Produktion geerntet wurden zeigte deutlich, dass die nach 24 h gesammelten Partikel nur einen maximalen Knock-Down von 20% gegenüber dem Virusüberstand nach 48 h von bis zu 47% erreichten.

Da ein POR mRNA Knock-Down von mehr als 50% aber auch schon mit der siRNA Transfektionsmethode erreicht werden konnte, war klar, dass die viralen Partikel aufkonzentriert werden mussten, um die Hepatozyten mit einer höheren Viruskonzentration infizieren zu können. Dies erfolgte durch Fällung der Viren mit Polyethylenglykol.

Mit der HT-1080 Zelllinie erfolgte anschließend eine Titerbestimmung der aufkonzentrierten Viren, so dass erstens eine Kontrolle über die erfolgreiche Produktion der viralen Partikel gegeben war und zweitens die Hepatozyten künftig mit einer definierten Menge an Viruspartikeln infiziert werden konnten.

Die Lyse der Zellen sollte zu einem Zeitpunkt erfolgen, bei dem eine sehr hohe Anzahl erfolgreich infizierter (grün fluoreszierende) Zellen vorliegen und der Nachweis eines effektiven Knock-Downs auf RNA-Ebene möglich ist. Der POR Knock-Down konnte bereits drei bis vier Tagen nach der Infektion nachgewiesen werden und in den kommenden Experimenten sollte sich für einen Zeitpunkt der Zellernte entschieden werden. Dafür spielen die schon oben genannten Parameter der erfolgreichen Infektion, möglicher Knock-Down Nachweis auf RNA-Ebene, aber auch die Detektion eines potentiellen Einflusses des Knock-Downs auf die P450 Aktivitäten eine wichtige Rolle. Nach drei und vier Tagen in Kultur konnten CYP Enzymaktivitäten noch ohne Probleme in den Hepatozytenüberständen quantifiziert werden.

2.9 Infektion und Knock-Down Experimente in humanen Hepatozyten

Nach den Vorversuchen und Parametereinstellungen zur Infektion der Hepatozyten folgten weitere Experimente zum Knock-Down verschiedener Monooxygenase-Reaktionsparter mittels RNA-Interferenz. Zuerst wurde wiederum versucht, die Expression der POR (P450 Oxidoreduktase) mit den verschiedenen shRNA-Sequenzen DF1 und DF4 herunter zu regulieren. Anschließend folgten Experimente mit den Zielgenen Cytochrom b_5 (shRNA: DF6, DF7) und den Progesteronrezeptor Membrankomponenten PGRMC1 (shRNA: SB2, SB4) und PGRMC2 (shRNA: SB5, SB8).

2. Ergebnisse

Der Knock-Down wurde nach drei bis vier oder sieben Tagen nach der Infektion mittels RNA-Analytik untersucht. Außerdem wurden die Infektionsraten durch die eGFP-Expression des pLenti-Vektors mit dem Fluoreszenzmikroskop und durch quantitative RT-PCR überprüft. Als Auswirkung des Gen Knock-Downs wurde die Expression der P450 Enzyme als potentielle Targetgene durch RT-PCR und die Aktivität mit dem Substrat-Cocktail-Assay bestimmt. Tabelle 9 gibt einen Überblick über die durchgeführten Experimente.

Tabelle 9: Überblick der Experimente zum viralen Knock-Down verschiedener Monooxygenase-Reaktionspartner in humanen Hepatozyten.
Die Analytik des Knock-Downs und der P450 Enzyme wurde zu den angegebenen Zeitpunkten (Tag 3, 4, 7) durchgeführt. Die Ergebnisspalte zeigt die gemessenen mRNA-Level bezogen auf die Negativkontrolle DF9 in Prozent.
a) Mittelwert aus zwei Wells

Gen	Exp. 1 HH 090905 MOI=6	Exp. 2 HH 091007 MOI=3	Exp. 3 HH 091128 MOI=5	Exp. 4 HH 100212 MOI=5	Exp. 5 HH 100226 MOI=5	Ergebnis [%] RNA
POR shRNA DF1	Tag 3 Tag 4	Tag 3 Tag 4	Tag 4	Tag 4	Tag 4 Tag 7	24/ 40 12/ - / 85/ 100/ MW 6 [a] MW 29 [a]
POR shRNA DF4	Tag 3 Tag 4	Tag 3 Tag 4				134/ 54 36/ 76
Cy. b$_5$ shRNA DF6			Tag 4	Tag 4	Tag 7	122/ 96 MW 144
Cy.b$_5$ shRNA DF7			Tag 4	Tag 4	Tag 7	118/ 94 MW 49
PGRMC1 shRNA SB2				Tag 4	Tag 7	90 73
PGRMC1 shRNA SB4				Tag 4	Tag 7	110 241
PGRMC2 shRNA SB5				Tag 4	Tag 7	70 143
PGRMC2 shRNA SB8				Tag 4	Tag 7	121 884
Bemerkung	Norm. DF9 GFP 0,1 - 0,3	Norm. DF9 Tag 4: keine Normierung möglich GFP 0,2 - 0,5	Norm. DF9 GFP sehr gering GFP 0,03 - 0,2	Norm. DF9 Fettleber GFP Messprobleme	Norm.MW DF9 GFP 0,3 - 0,6 GFP 0,8 - 7,0	

In den Experimenten 1,2 und 5 wurde ein erfolgreicher Knock-Down der Zielgene mittels RNA-Interferenz durchgeführt. Die Experimente 3 und 4 zeigten aus unerklärlichen Gründen keine Reduktion der Zielgene. Eine mögliche Erklärung könnte im Experiment 3 eine unzureichende Infektionsrate darstellen, denn die gemessene eGFP-Expression zeigte ein deutlich geringeres Level als bei den anderen Versuchen. Im Experiment 4 zeigten die Zellen innerhalb des Kulturzeitraums ein auffälliges morphologisches Erscheinungsbild, welches auf die Diagnose einer Fettleber zurückzuführen war. Dies könnte evtl. ein Hinweis auf eine verlangsamte »RNAi-Maschinerie« und dem damit einhergehenden möglicherweise nicht detektierbarem Knock-Down sein.

2.9.1 Kontrollen: Einfluss der Virusinfektion und der Non-targeting shRNAs auf die Genexpression in humanen Hepatozyten

Obwohl beide shRNAs DF9 und DF10 als Non-targeting Kontrollen beschrieben wurden und auch keine Homologie zu einem humanem Gen gefunden werden konnte, lösten sie bei der Infektion der humanen Hepatozyten teilweise starke unterschiedliche Effekte auf die endogene Expression von POR und CYP3A4 aus.
In den ersten beiden Experimenten wurde für die Expression von POR ein 2 bis 7-facher Unterschied und für CYP3A4 eine 2 bis 4-fache Abweichung für die beiden mit DF9 oder DF10 infizierten Zellen festgestellt.
Außerdem wurden trotz gleich eingesetzter Menge an viralen Partikeln bis zu 7-fache Unterschiede in der Virusinfektion, nachweisbar durch die eGFP-Expression vom pLenti-Viruskonstrukt, beobachtet. Daher wurde versucht, die Abweichungen der Negativkontrollen mit Hilfe einer sogenannten »Mock-Kontrolle« genauer zu untersuchen.
Das Mock-Virus enthält das gleiche Expressionsplasmid wie alle anderen produzierten Viren, exprimiert allerdings keine shRNA und wird deswegen auch Leervektor genannt. Die Infektion der Zellen mit dem Mock-Virus zeigt somit den eigentlichen Einfluss der Virusinfektion gegenüber der nicht infizierten Kontrolle. Eine unspezifische Non-targeting Negativkontrolle sollte sich daher ähnlich, wie die Mock-Kontrolle verhalten.

Zwei verschiedene humane Hepatozytenkulturen (Exp. 3 und 4) wurden mit unterschiedlichen Chargen der Kontrollen DF9, DF10 und dem Mock-Virus infiziert und die endogenen Transkripte von POR, Cytochrom b_5, PGRMC1, PGRMC2, CYP2B6, CYP2C8 und CYP3A4 als zu untersuchende »Testgene« gemessen.

2. Ergebnisse

Im Experiment 3 (Abbildung 39) wurde für die Kontrolle DF10 vor allem hinsichtlich der verschiedenen Gene sehr unterschiedliche Auswirkungen beobachtet. POR und CYP3A4 zeigten im Vergleich zur Mock-Infektion eine relativ stark verminderte Genexpression, während CYP2B6 und CYP2C8 verstärkt transkribiert wurden. Für Cytochrom b_5 wurde in beiden Virusinfektionen sowie in den unbehandelten Zellen die gleiche Expression gemessen.

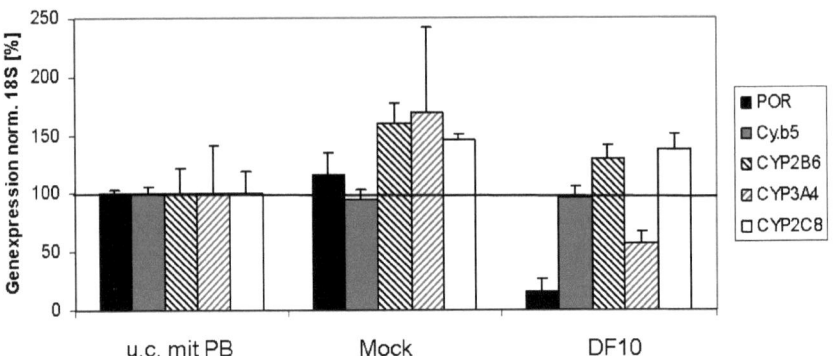

Abbildung 39: Einfluss der Virusinfektion von DF10 und Mock in humanen Hepatozyten. Die Zellen wurden mit einer MOI von 5 mit den Kontrollviren Mock und DF10 infiziert und die Genexpression unterschiedlicher Gene 4 Tage nach der Infektion bestimmt. Die mit dem Virus Mock und DF10 infizierten Zellen weisen eine vergleichbare Infektionsrate, bestimmt durch die eGFP mRNA-Expression, auf.

Im Experiment 4 (Abbildung 40) wurde der Einfluss der Negativkontrollen DF9 und DF10 auf verschiedene Gene mit dem des Mock-Virus und nicht infizierten Zellen verglichen.

Die Negativkontrolle DF9 wies gegenüber dem Mock-Virus nur relativ geringe Abweichungen auf. Die Kontrolle DF10 zeigte wesentlich stärkere Abweichungen für die Gene POR, CYP3A4 und CYP2C8 und auch im Gegensatz zum vorherigen Experiment stimmten die Abweichungen nicht überein.

Die Expression von Cytochrom b_5 entsprach für alle Virusinfektionen wieder fast der von den nicht infizierten Zellen. Insgesamt zeigte hier die Kontrolle DF9 für alle Gene ein ähnlicheres Expressionsmuster zur Mock-Kontrolle als DF10. Außerdem gilt die Sequenz dieser Kontrolle (DF9) als validiertes siRNA Oligonukleotid, welches auf einem Mikroarray getestet nur minimale unspezifische Bindungen an bekannte Gene in humanen Zellen zeigte (Angaben des Herstellers). Daher wurden in den folgenden Experimenten alle Ergebnisse auf die Kontrolle DF9, deren Sequenz auch schon für die siRNA-Experimente verwendet wurde, normiert.

2. Ergebnisse

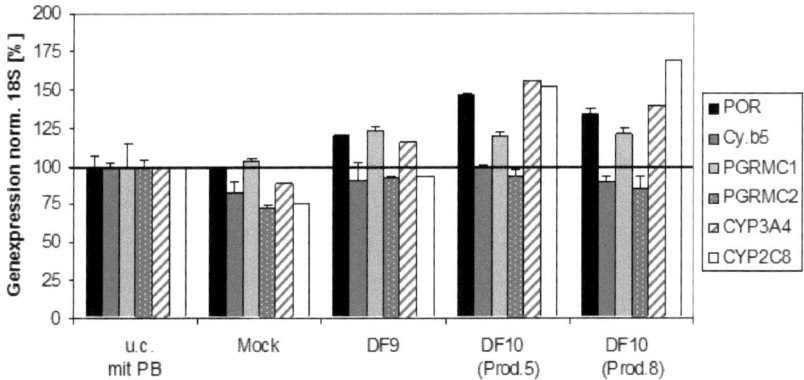

Abbildung 40: Einfluss der Virusinfektion der Negativkontrollen in humanen Hepatozyten. Die Zellen wurden mit einer MOI von 5 mit verschiedenen Kontrollviren Mock, DF9 und DF10 (Produktion 5 und 8) infiziert und die Expression unterschiedlicher Gene nach vier Tagen bestimmt. Alle infizierten Zellen wiesen eine vergleichbare Infektionseffizienz, bestimmt durch die eGFP mRNA-Expression, auf. u.c. mit PB sind nicht infizierte, aber mit Polybren behandelte Zellen.

2.9.2 Unterschiedliche Infektionsfähigkeit der verschiedenen Viruschargen

Obwohl in einem Experiment immer der gleiche MOI (Menge der viralen Partikel pro Zelle) für verschiedene Viruskonstrukte verwendet wurde, konnte im Mikroskop des Öfteren eine unterschiedliche Anzahl grün fluoreszierender Zellen wahrgenommen werden. Diese zum Teil sehr unterschiedliche eGFP-Expression wurde auch in den Proben mittels TaqMan Analytik bestätigt. Insgesamt schwankte die eGFP-Expression (normiert auf 18S) am Tag 4 zwischen 2 und 7-fach und am Tag 7 bis zu 8,75-fach in den mit unterschiedlichen Virenpartikeln infizierten Hepatozyten. Generell wurden am 7 Tage nach der Infektion höhere Werte detektiert (Abbildung 41).

Die unterschiedlich starken Signale der eGFP-Expression zeigten eine variable Infektion in den verschiedenen Wells. Dies war teilweise abhängig von der Viruscharge, aber auch von den Zellen der unterschiedlichen Patienten. Daher könnten die verschiedenen Effekte der Kontrollen (DF9, DF10, Mock) auf die Genexpression unter anderem auch durch die unterschiedlichen Infektionsraten bedingt sein.

2. Ergebnisse

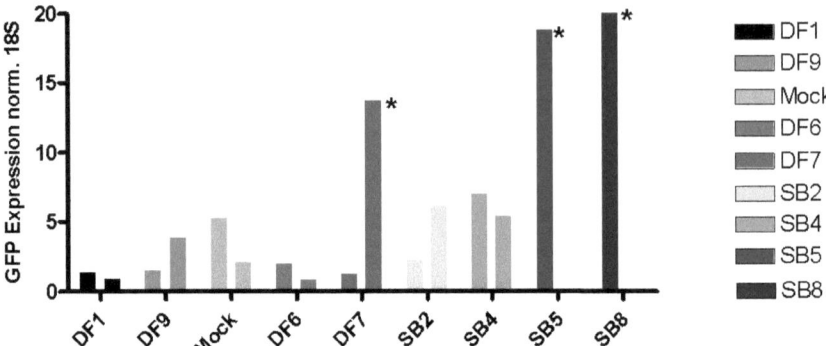

Abbildung 41: eGFP-Expression am Tag 7 nach der Infektion mit unterschiedlichen viralen Partikeln. Die Abbildung zeigt die Infektion der Hepatozyten des Experiments 5 mit 9 unterschiedlichen viralen Konstrukten in je 2 Wells (Ausnahme SB5 und SB8 nur ein Well). Die eGFP-Expression wurde mit spezifischer TaqMan Analytik gemessen und relativ zur ribosomalen 18S RNA normiert.
* Diese eGFP-Expressionen sind höchstwahrscheinlich Ausreißer, da die 18S-Werte dieser Proben sehr stark abweichend von allen anderen gemessenen 18S-Werten waren.

Da die hier gemessenen eGFP-Expressionswerte ohne eine Referenz mit maximaler Infektionsrate (d.h. 100% der Zellen sind infiziert und exprimieren mindestens ein Transkript und dies entspräche dann für vollständige Infektion einem bestimmten CT-Wert) keine Aussage über die Anzahl der tatsächlich infizierten Zellen geben kann, ist nur ein Vergleich der eGFP-Expressionsmenge der verschiedenen Experimente untereinander, bei gleichen Bedingungen möglich. Das bedeutet, es sollte immer die gleiche Menge an cDNA umgeschrieben und in den eGFP-Assay eingesetzt werden. Dadurch lassen sich jedoch nur Aussagen über die relative (zu 18S normiert) oder absolute Menge (über Plasmidstandard quantifiziert) der eGFP-Transkripte in der Probe machen. Deswegen können derzeit mit dieser Messmethode keine Rückschlüsse auf eine absolute Infektionsrate gezogen werden. Denn es ist unbekannt, ob die eGFP-Expression von mehreren verschiedenen Zellen stammt oder mehrere Transkripte in einer Zelle exprimiert wurden.

Gut zu sehen ist eine Zunahme der eGFP-Expression über die längere Kulturdauer des Experiments 5. Am Tag 4 wurden im Durchschnitt Werte zwischen 0,3 und 0,6 für die eGFP-Expression gemessen, am Tag 7 hingegen zwischen 1,2 und 6,2 (Abbildung 46, Abbildung 48)

2.9.3 POR Knock-Down in humanen Hepatozyten

Im folgenden werden die drei erfolgreichen Experimente des Reduktase Knock-Downs (Tabelle 9: Experiment 1, 2 und 5) beschrieben und analysiert.

Im Experiment 1 wurden die Hepatozyten mit einer MOI von 6 und den viralen Partikeln DF1, DF4 und der Non-targeting Negativkontrolle DF9 infiziert. Bereits nach drei Tagen konnte eine ~75%ige Reduktion der POR mRNA mit dem Virus DF1 normiert zur Negativkontrolle festgestellt werden (Abbildung 42 oben). Nach vier Tagen zeigte sich noch eine Restexpression von ~12 %. Für das Virus DF4 wurde nach drei Tagen keine Reduktion der POR mRNA detektiert. Es war eine ~35%ige Zunahme zu verzeichnen, die wie die Auswirkungen am Tag 4 (-60%) eher auf unspezifische Effekte zurückzuführen sind. Die schlechte Effizienz der shRNA DF4 wurde in vorherigen Hepatozyten-Experimenten und im psiCHECK2 System schon mehrfach beobachtet (Shiromi Baier, Diplomarbeit 2009).
Die eGFP-Transkripte der am Tag 3 geernteten Zellen zeigten eine ca. 3-fache Schwankung, obwohl alle Wells mit einer MOI von 6 infiziert wurden. Die Expression in den Hepatozyten, die mit dem Virus DF1 infiziert wurden, wiesen ~25% und die mit DF4 ~300% mehr eGFP-Transkripte normiert zur 18S rRNA auf, als die Kontrolle DF9. Optisch ist dies bei mikroskopischer Betrachtung nicht aufgefallen. Am Tag 4 (RNA von anderen Wells) zeigten alle drei Viruschargen eine gleichmäßige eGFP-Expression (Abbildung 42 unten).
Die Genexpressions-Level für CYP3A4 waren am Tag 3 gegenüber der Kontrolle DF9 um +60% (DF1), -40% (DF4) und +100% (unbehandelte Zellen) verändert. 24 h später sanken die Level verglichen zur Kontrolle deutlich ab (Abbildung 42 unten).

2. Ergebnisse

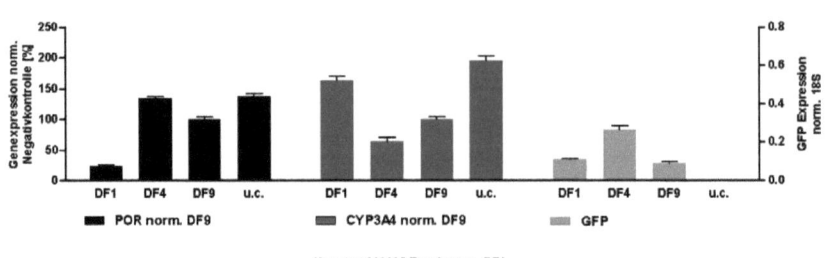

Abbildung 42: RNA Expressionsdaten infizierter Hepatozyten zum Knock-Down der P450 Reduktase (POR) nach drei und vier Tagen. Es wurden die Gene POR und das mögliche Targetgen CYP3A4 relativ zur Negativkontrolle DF9 quantifiziert. Die eGFP-Expression wurde nur auf die endogene Kontrolle 18S normiert. u.c. steht für die Expression der unbehandelten, nicht infizierten Zellen.

Für die CYP3A4 Aktivität wurde mit dem Cocktail-Assay an beiden Tagen eine leichte Zunahme (45% und 33%) der Atorvastatin-Hydroxylierung analysiert (Abbildung 43). Die anderen CYPs zeigten bis auf CYP2C8 am Tag 3 keine drastischen Änderungen im Vergleich zur Kontrolle. Für den Tag 4 wurde im Durchschnitt ein leichter Rückgang verzeichnet.

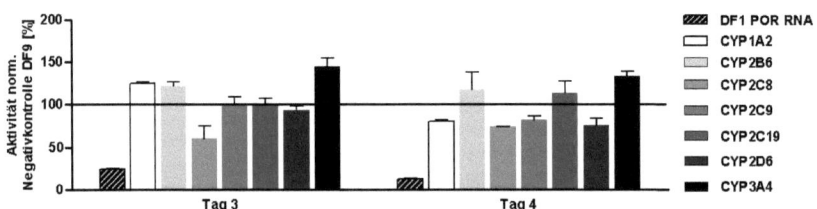

Abbildung 43: P450 Aktivitäten gemessen nach POR Knock-Down in humanen Hepatozyten. Die Enzymaktivitäten wurden am Tag 3 und 4 nach erfolgreich herunterregulierter Reduktase (RNA Nachweis: gestreifte Balken) mit dem Cocktail-Assay gemessen.

Um diese Ergebnisse zu reproduzieren wurde ein weiteres Experiment zum Knock-Down der P450 Reduktase mit dem DF1- und DF4-Virus und einer Analytik für RNA und P450 Aktivität nach drei und vier Tagen durchgeführt (Abbildung 44, Abbildung 45).
Zum Detektionszeitpunkt am Tag 4 wurde allerdings zu wenig RNA für die Kontrolle DF9 isoliert, so dass hier kein normierter Knock-Down auf RNA-Ebene nachgewiesen werden konnte.
Ein wiederum erfolgreicher Knock-Down von 61% wurde nach 3 Tagen mit dem Virus DF1 erzielt. Die Quantifizierung des eGFP zeigte dieses Mal 1,5 bis 2,5-fache Expressionsunterschiede bei gleich eingesetzter MOI.
Im Gegensatz zum vorherigen Experiment ließ sich nach Reduktase Knock-Down keine erhöhte CYP3A4 RNA-Expression nachweisen, was sich auch in der Aktiviät (Abbildung 45) für den Umsatz von Atorvastatin bestätige.

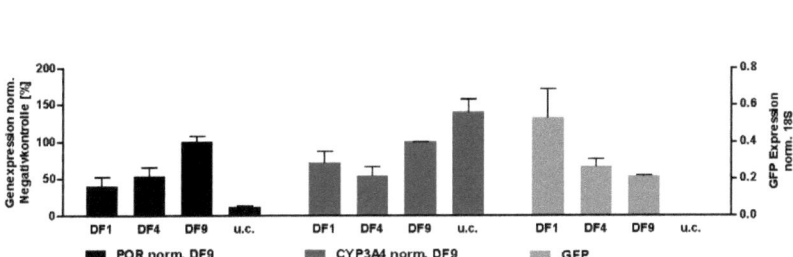

Abbildung 44: RNA Expressionsdaten infizierter Hepatozyten zum Knock-Down der P450 Reduktase (POR) nach drei Tagen.
Die GFP-Expression wurde nur auf die endogene Kontrolle 18S normiert. u.c. steht für die Expression der unbehandelten, nicht infizierten Zellen.

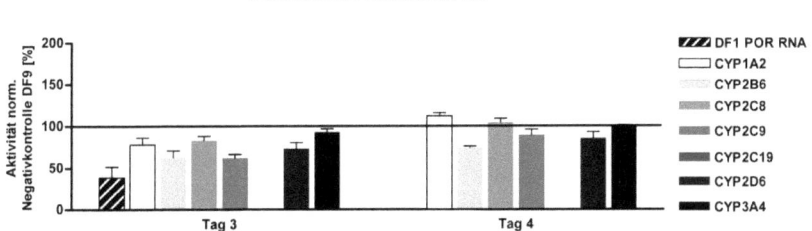

Abbildung 45: P450 Aktivitäten gemessen nach POR Knock-Down in humanen Hepatozyten.
Die Enzymaktivitäten wurden am Tag 3 und 4 nach erfolgreich herunterregulierter Reduktase (RNA Nachweis: gestreifte Balken nur für Tag 3) mit dem Cocktail-Assay gemessen.

2. Ergebnisse

Da in den beiden eben beschriebenen Experimenten ein erfolgreicher POR Knock-Down mittels RNA Analytik am Tag 3 und 4 nachgewiesen wurde, aber die Aktivitäten der CYP-Enzyme keine eindeutige Veränderung aufwiesen, wurde der Knock-Down nun bis zum Tag 7 untersucht. Die Analytik für den Tag 4 wurde ebenfalls beibehalten, um die Reproduzierbarkeit gegenüber den zwei anderen Experimente zu gewährleisten.

Hier wurde ein erfolgreiches Silencing der POR mRNA von über 90% detektiert (Abbildung 46). Für CYP3A4 wurde eine fast 2-fache Expression im Vergleich zur Kontrolle DF9 gemessen. Die Kontrollen DF9 und Mock zeigten für beide Gene (POR und CYP3A4) ähnliche Expressionslevel.

Am Tag 7 wurde für die Reduktase noch eine Restexpression von knapp 30% normiert zur Kontrolle DF9, detektiert. CYP3A4 wies wiederum eine fast doppelt so starke Expression wie die Kontrolle DF9 auf. Am Tag 7 zeigten sich deutliche Schwankungen der beiden Kontrollen für die Expression der Gene POR und CYP3A4. In den mit dem Mock-Virus behandelten Zellen wurde eine deutlich höhere Expression gemessen.

Die Detektion der CYP-Aktivitäten zeigte am Tag 4 ebenfalls nur eine geringfügige Reduktion der Aktivitäten nach dem Knock-Down der Reduktase. Die Hydroxylierung von Atorvastatin (CYP3A4) zeigte ein ca. 30% niedrigeres Aktivitätslevel im Vergleich zur Kontrolle (Abbildung 47).

Am Tag 7 wurde für CYP3A4 nur noch eine Restaktivität von unter 5% nach dem Knock-Down der P450 Reduktase festgestellt. Die anderen CYP-Enzyme konnten am Tag 7 nicht eindeutig quantifiziert werden, hier gab es zu hohe Messungenauigkeiten.

2. Ergebnisse

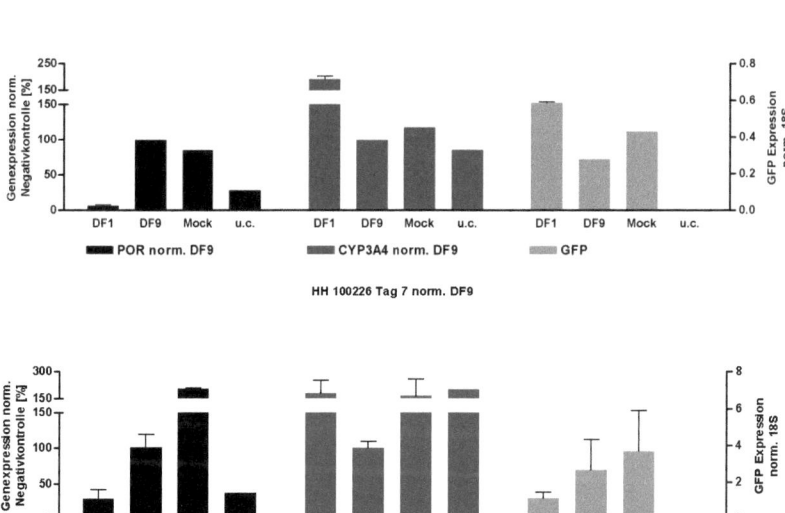

Abbildung 46: RNA Expressionsdaten infizierter Hepatozyten zum Knock-Down der P450 Reduktase (POR) nach vier (obere Abbildung) und sieben Tagen (untere Abbildung). Es wurden die Gene POR und das mögliche Targetgen CYP3A4 relativ zur Negativkontrolle DF9 quantifiziert. Die GFP-Expression wurde nur auf die endogene Kontrolle 18S normiert. u.c. steht für die Expression der unbehandelten, nicht infizierten Zellen.

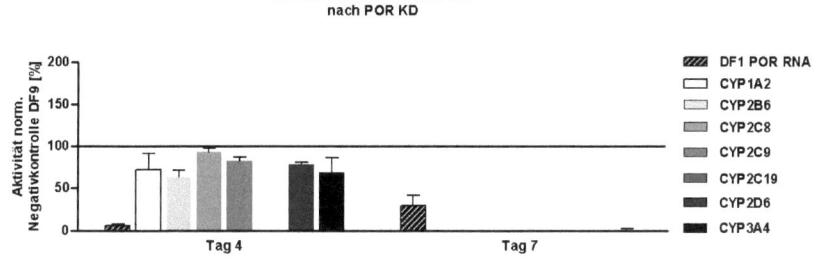

Abbildung 47: P450 Aktivitäten gemessen nach POR Knock-Down in humanen Hepatozyten. Die Enzymaktivitäten wurden am Tag 4 und 7 nach erfolgreich herunterregulierter Reduktase (RNA Nachweis: gestreifte Balken) mit dem Cocktail-Assay gemessen. Am Tag 7 konnte nur die Aktivitäten des CYP3A4 ausgewertet werden.

2.9.4 Knock-Down von Cytochrom b_5, PGRMC1 und PGRMC 2 in humanen Hepatozyten

Ein erfolgreicher Knock-Down der potentiellen P450 Monooxygenase-Reaktionspartner Cytochrom b_5 und PGRMC1 wurde im folgenden Experiment erzielt.
Es wurden für die Gene Cytochrom b_5, PGRMC1 und PGRMC2 je zwei verschiedene Virenpartikel mit unterschiedlicher shRNA-Expression produziert. Um Cytochrom b_5 herunter zuregulieren wurden die Viren mit den shRNAs DF6 und DF7 verwendet, für PGRMC1 die shRNA Sequenzen SB2 und SB4 und für PGRMC2 SB5 und SB8.
Diese wurden vorher alle auf ihre Funktionalität im psiCHECK2-System getestet (Shiromi Baier, Diplomarbeit 2009).

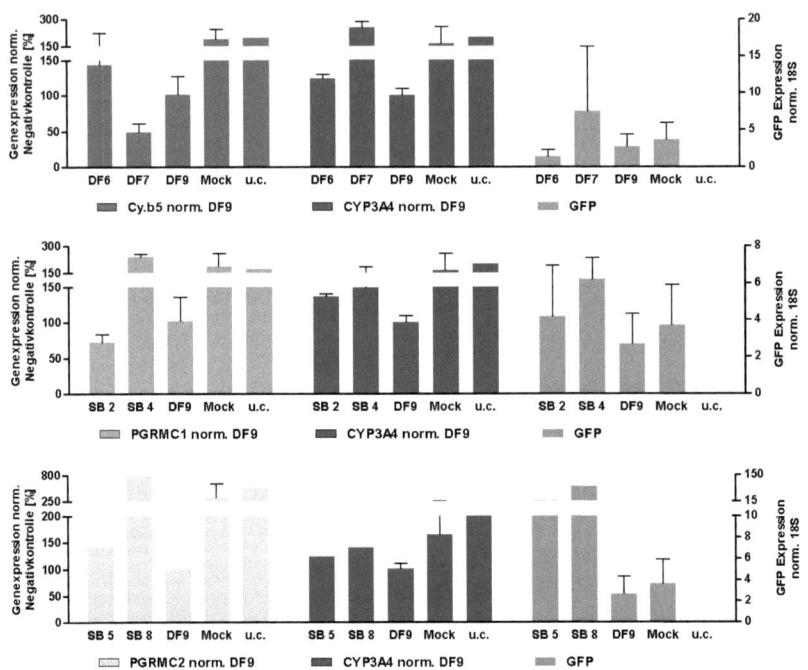

Abbildung 48: Knock-Down Experiment von Cytochrom b_5 (DF6, DF7) PGRMC1 (SB2, SB4) und PGRMC2 (SB5, SB8) in humanen Hepatozyten.
Nach sieben Tagen wurde jeweils die mRNA-Expression des herunter zuregulierenden Targetgens (Balken in rot: Cytochrom b_5, orange: PGRMC1 und gelb: PGRMC2), von CYP3A4 (graue Balken) und eGFP (grüne Balken) als Marker für die Infektion bestimmt. u.c. sind unbehandelte, nicht infizierte Zellen. Mittelwerte und Fehlerbalken wurden für Messungen aus zwei Wells angegeben.

2. Ergebnisse

In den primären humanen Hepatozyten wurde für Cytochrom b_5 und PGRMC1 nur für eine der jeweils zwei vorher als positiv getesteten shRNA-Sequenzen (psiCHECK-System) ein effektiver Knock-Down auf RNA-Ebene detektiert. Für PGRMC2 konnte für beide shRNAs kein »Gen-Silencing« festgestellt werden. Die shRNAs, die in den humanen Hepatozyten keinen Knock-Down bewirkten (DF6, SB4, SB5 und SB), zeigten im Vergleich zur Kontrolle eine leichte bis deutlich erhöhte Expression der Targetgene (144%, 241% und 143 bzw. 884%, Abbildung 48).
Die shRNA DF7 bewirkte nach sieben Tagen eine um 51% reduzierte Cytochrom b_5 mRNA-Expression. Für CYP3A4 wurde in dieser Probe eine 2,5-fache erhöhte mRNA-Menge quantifiziert. Die Kontrolle Mock und die unbehandelten Zellen zeigten zum gleichen Zeitpunkt eine ca. 1,8-fache Steigerung der Cytochrom b_5- und eine stärker schwankende CYP3A4 Expression (76-201%, Abbildung 48, oben).
Mit der shRNA SB2 wurde ein geringerer Knock-Down von 27,5% erzielt. Die Expression von CYP3A4 wurde nach dem Knock-Down des PGRMC1 mit ~137% gemessen (Abbildung 48, Mitte).
Die Expression des eGFP vom pLenti-Vektor zeigt das Ausmaß der Virusinfektion und somit shRNA-Transkription und wurde nach sieben Tagen mit Werten zwischen 0,8 und 7,0 bestimmt. Vermutliche Ausreißer gab es für die mit dem Virus SB5 (18,8), SB8 (90,7) sowie dem 2.Well DF7 (13,7) behandelten Proben. Die eGFP Messungen erfolgten »nur« durch relative Quantifizierung zur ribosomalen 18S RNA in jeder Probe.
Nach gezieltem Knock-Down von Cytochrom b_5 (DF7) oder PGRMC1 (SB2) zeigte sich eine sehr stark verminderte CYP3A4 Aktivität. 50% Gen-Silencing von Cytochrom b_5 RNA resultierte in nur noch 11,5% CYP3A4 Aktivität. Bei einer Reduktion der RNA von PGRMC1 um ~30% zeigte CYP3A4 noch 22,5% Restaktivität. Demgegenüber blieb die Aktivität bei den nicht wirksamen shRNAs DF6 und SB4 nahezu unverändert bzw. nahm leicht zu.

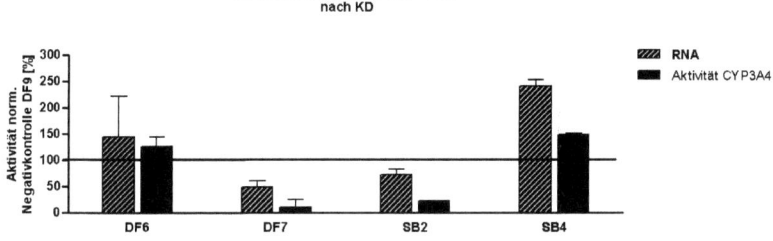

Abbildung 49: CYP3A4 Aktivität nach Knock-Down potentieller Monooxygenase-Reaktionspartner in humanen Hepatozyten.
Gezeigt ist die verbleibende Menge »Rest-RNA« des Targetgens und die resultierende CYP3A4 Aktivität nach Knock-Down der Gene Cytochrom b_5 (DF6, DF7) und PGRMC1 (SB2, SB4) sieben Tage nach der Virusinfektion. Mittelwerte und Fehlerbalken wurden für Messungen aus zwei Wells angegeben.

2. Ergebnisse

3. Diskussion

3.1 Atorvastatin als neue selektive Probe-drug für CYP3A4 und Etablierung des Cocktail-Assays

Für CYP3A4 wurde die Ortho-Hydroxylierung von Atorvastatin als neue spezifische Markeraktivität etabliert. Da die katalytische Aktivität in rekombinanten CYPs für Atorvastatin schon von Jacobsen et al (2000) beschrieben wurde, diese aber nicht alle eventuell wichtigen Enzyme (CYP1A2 und CYP2A6) und Bedingungen (Koexpression von Cytochrom b_5) beinhaltete, wurde dieser Fragestellung nochmal genauer nachgegangen. Der Umsatz von Atorvastatin wurde in rekombinaten CYPs und auch in mikrosomalen Proteinfraktionen untersucht.
Während sich die CYPs 1A2 und 2A6 als absolut inaktiv erwiesen, bestätigte sich, die von Jacobsen et al. (2000) bereits beschriebene geringe Aktivität von CYP2C8 zur Bildung von Para-Hydroxyatorvastatin.

Die selektive Hydroxylierung durch CYP3A4 wurde durch die Ergebnisse der Korrelationsanalyse der Aktivität zur Proteinmenge (bestimmt durch Immunoblotting) identifiziert. Diese war verglichen zu 11 anderen CYPs, nicht nur am besten zum CYP3A4 Proteingehalt korreliert (r_s =0.78), sondern zeichnete sich auch als bestkorrelierte Markeraktivität für das Enzym aus. Für z.B. die Midazolam Hydroxylierung oder auch die Bildung von Nor-Verapamil errechnete sich ein Spearman-Koeffizient von je r_s = 0,70, für die Bildung von 6β-Hydroxytestosteron nur ein r_s = 0,61.
Außerdem zeigte sich bei den Inkubationen mit den rekombinant exprimierten CYPs, eine deutlich höhere Aktivität für die Ortho-Hydroxylierung durch CYP3A4 als durch CYP3A5. Abhängig von den Inkubationsbedingungen konnte hier ein circa 16-facher Aktivitätsunterschied festgestellt werden. Ferner wurde dies auch im mikrosomalen System beobachtet, denn die Korrelation zwischen Ortho-Hydroxyatorvastatin und dem Protein CYP3A4 war deutlich besser im Vergleich zum Protein von CYP3A5 (r_s = 0,78 gegenüber r_s = 0,37). Diese Ergebnisse stehen im Kontrast zu den Beobachtungen, die Jacobsen et al. (2000) für die Hydroxylierung von Atorvastatin beschrieben hatte. Denn dort wurde der Metabolismus mit der gleichen Aktivität für die beiden Isoformen (3A4 und 3A5) dargestellt. Allerdings beschrieb Park et al. (2008) auch eine 5- und 2,4-fach höhere Atorvastatin-Clearance (Ortho- und Para-Metabolite) durch CYP3A4 gegenüber CYP3A5. Die Gründe für diese unterschiedlichen Beobachtungen sind bisher noch unklar.
Insgesamt belegen die hier durchgeführten Experimente Atorvastatin als selektives Substrat für das Enzym CYP3A4 und es sollte daher auch für in vivo Studien sehr

3. Diskussion

gut geeignet sein. Aus diesen Gründen wurde die Hydroxylierung von Atorvastatin für den Cocktail-Assay als spezifische CYP3A4 Markeraktivität eingesetzt.
Der CYP-Aktivität Cocktail-Assay konzentriert sich auf die sieben wichtigsten CYPs, die im Metabolismus von klinisch eingesetzten Arzneistoffen eine entscheidende Rolle spielen (Zanger et al., 2008). Für die CYPs 1A2 (Phenacetin), 2B6 (Bupropion), 2C8 (Amodiaquin), 2C9 (Tolbutamid) und 2C19 (S-Mephenytoin) wurden etablierte Substrate aus Einzelinkubationsassays (Richter et al., 2004, Walsky et al., 2004 und Turpeinen et al., 2009) verwendet, die dann im Cocktail-Assay kombiniert wurden. Für CYP2D6 und CYP3A4 wurden neue, noch nicht als Probe-drug verwendete Substrate (Propafenon und Atorvastatin) benutzt. Um die Komplexität des Assays und mögliche Substratinteraktionen zu minimieren, wurden keine Substrate für die Enzyme CYP2A6 und CYP2E1 im Aktivitätstest verwendet, obwohl dies in bereits publizierten Assays als möglich beschrieben wurde (Tolonen et al., 2007).
In allen bisher veröffentlichten Cocktail-Assays wurde für das Enzym CYP2D6 entweder die Bufuralol-Hydroxylierung oder die Dextromethorphan O-Demethylierung als Modell-Aktiviät verwendet. Allerdings sind diese beiden Substrate eventuell nicht spezifisch genug, da Bufuralol, wie auch Dextromethorphan ebenso von anderen CYPs umgesetzt werden kann. Hinzu kommt, dass die Aktivität von CYP2D6 von Substraten wie Bupropion (Spina et al., 2008) oder Amodiaquin (Dixit et al., 2007) beeinträchtigt werden kann. Um diese möglichen Interaktionen zu verhindern, wurde das hoch spezifische Substrat Propafenon (Kroemer et al., 1989; Toscano et al., 2006) im Cocktail-Assay verwendet. Dies wurde in der humanen Leberbank des IKPs mit der 5´- Hydroxylierung von Propafenon getestet. Die Aktivität von CYP2D6 korrelierte sehr gut mit dem Proteingehalt dieser Proben (r_s = 0,72, p < 0,0001, n = 150; Daten nicht gezeigt). Außerdem ermöglichte der niedrige K_M-Wert von 0,5 µM (Tabelle 1) eine sehr geringe Propafenonkonzentration im Cocktail-Assay, die Substratinteraktionen und somit Aktivitätseinbußen anderer CYPs minimiert. Dies konnte mit Mikrosomeninkubationen des Einzelassays und mit allen Substraten in Kombination gezeigt werden (Abbildung 11).

In humanen Lebermikrosomen zeigte der optimierte Cocktail-Assay im Vergleich zu den Einzelinkubationen der individuellen Substrate (Abbildung 11) bis auf CYP2B6 und CYP2C8 kaum eine Reduktion in der Enzymaktivität. Der Umsatz von Bupropion im Cocktail-Assay wird höchstwahrscheinlich durch das Substrat S-Mephenytoin gestört, welches auch von CYP2B6 abgebaut werden kann (Heyn et al., 1996). Die Aktivitätsminderung von CYP2C8 ist vermutlich auf unterschiedliche Interaktionen, unter anderem aber auch durch die mit Atorvastatin (Walsky et al.,2005), zurückzuführen. Da aber dieser Cocktail-Assay hauptsächlich zur Beurteilung und Bewertung von induzierten Enzymaktivitäten in humanen Hepatozyten benutzt werden sollte, waren diese beiden bedingten Wechselwirkungen nicht von entscheidender Bedeutung. Aus diesem Grund, wurden diese nicht weiter versucht aufzuklären. Zusammenfassend konnte schließlich in vitro gezeigt werden, dass die Atorvastatin-Hydroxylierung fast ausschließlich von CYP3A4 katalysiert wird und somit Atorvastatin zum ersten Mal als sehr selektives Modellsubstrat für dieses CYP in einem neu entwickelten Cocktail-Assay verwendet wurde (Feidt et al., 2010).

3.2 Induktion der P450 Enzyme durch Statine

Neben den neu gewonnenen Erkenntnissen über Atorvastatin als spezifische Probedrug, zeigt die systematische Untersuchung der P450 Enzyme in humanen Hepatozyten auch interessante Aspekte hinsichtlich der Induktion durch Statine.

Der neu entwickelte LC-MS/MS basierte Cocktail-Assay wurde verwendet, um die Induktion von sieben verschiedenen P450 Aktivitäten in humanen Hepatozyten nach Inkubation mit unterschiedlichen Statinen (Atorvastatin, Lovastatin, Pravastatin, Rosuvastatin, Simvastatin) zu analysieren. Obwohl die Induktion auf mRNA- und Proteinlevel schon seit einigen Jahren bekannt ist (Schuetz et al., 1993; Kocarek et al., 1993), ist dies die erste Studie zur Untersuchung der wichtigsten P450 Aktivitäten in humanen Hepatozyten nach der Behandlung mit Statinen. Es wurden zeitabhängige Induktionsprofile der CYPs 1A2, 2B6, 2C8, 2C9, 2C19, 2D6 und 3A4 von mRNA-Expression und Aktiviät miteinander verglichen. Die Experimente wurden im 12-Well-Format optimiert und der Einfluss verschiedener Statine wurde über einen Zeitraum von bis zu 96 h analysiert.
Erste Erkenntnisse über die Induktion von P450 Enzymen durch den HMG Co-A Reduktase Inhibitor Lovastatin konnten schon 1993 gewonnen werden. Kocarek et al.(1993) publizierte die Induktion der mRNA für die CYPs 2B2, 2C6, 2C7, 3A1 und 4A1 in Rattenhepatozyten und Schuetz et al. (1993) bestätigte eine verstärkte Transkription für humanes CYP3A4. Spätere Arbeiten zeigten, dass Simvastatin und Fluvastatin die mRNA- und auch Proteinexpression für CYP2B, CYP3A und CYP4A in Rattenhepatozyten steigern konnten, und dass die Verwendung von Pravastatin ohne Effekt blieb (Kocarek und Reddy, 1996). Bisher gab es wohl nur eine Untersuchung in humanen Hepatozyten, die eine Induktion der mRNA von CYP2B6 und CYP3A4 durch Lovastatin, Simvastatin, Fluvastatin und Atorvastatin, jedoch nicht durch Pravastatin, zeigten. Obwohl diese Beobachtungen nach 24 Stunden Statinbehandlung auch auf Proteinebene festgestellt wurden, gab es keine Messungen der P450 Aktivitäten (Kocarek et al., 2002).

3. Diskussion

In dieser Arbeit wurde mit dem Cocktail-Assay gezeigt, dass die CYP-Aktivitäten für 2B6, 2C8, 2C9 und 3A4 durch Atorvastatin vergleichbar oder sogar stärker als durch die prototypischen Induktoren Phenobarbital und Rifampicin induziert wurden. Obwohl anfangs erste induzierte mRNA Transkripte nach 24 stündiger Behandlung festgestellt wurden, wurde keine signifikante Reaktion auf Aktivitätsebene zu so einem frühen Zeitpunkt beobachtet.

Der Grund, dass andere Studien erhöhte Proteinexpression schon nach 24 h Statinbehandlung feststellen konnten, kann durch interindividuelle Empfindlichkeit oder unterschiedliche experimentelle Konditionen der Hepatozytenkulturen erklärt werden. Denn auch in dieser Arbeit wurde, allerdings nur für eine Charge, schon nach 24 h eine Induktion der CYP3A4 Aktivität durch verschiedene Statine festgestellt. Alle anderen Zellchargen zeigten auf Aktivitätsebene erst nach 48 h induzierte Level.

Bemerkenswert war die stärkste, ungefähr 20-fache Induktion von CYP2C8 nach 72 h Inkubation mit Atorvastatin, gefolgt von der Induktion durch Lovastatin und Simvastatin, die alle stärkere Effekte als Phenobarbital und Rifampicin aufwiesen (Abbildung 16, Tabelle 2).

Obwohl verstärkte mRNA-Expression des CYP2C in Ratten und CYP2C9 in kultivierten Endothelzellen schon festgestellt wurde (Fisslthaler 2003; Bertrand-Thiebault 2007), ist dies, unseres Wissens nach, die erste Beobachtung, die eine Induktion von CYP2C8 Aktivität in humanen Hepatozyten nach unterschiedlichen Statinbehandlungen zeigen konnte.

Der Mechanismus der CYP-Induktion ist oft an die Kernrezeptoren CAR und PXR geknüpft. Demzufolge konnte El-Sankary et al. (2001) in co-transfizierten HepG2 Zellen (CYP3A4 Reportergen und humanes PXR Expressionsplasmid) eine deutlich höhere CYP3A4 Expression (2,5-4 fach) nach Lovastatin-, Simvastatin-, Rifampicin- und Phenobarbital-Behandlung zeigen als ohne die Expression des nuklearen Rezeptors PXR. Nukleare Rezeptoren wurden schon öfters als verantwortliche Elemente für die Fremdstoff induzierte Expression von P450 Genen identifiziert. Für CAR und PXR konnte gezeigt werden, dass sie die Transkription von CYP2C Genen in humaner Leber verstärken (Chen and Goldstein, 2009). Interessanterweise beobachtete Bertrand-Thiebault et al. (2007), dass die Induktion von CYP2C9 durch Statine eher von CAR als von PXR abhängig ist, denn PXR wurde in den verwendeten Endothelzellen nicht exprimiert. Ferguson et al. (2005) konnte belegen, dass die nuklearen Rezeptoren CAR, PXR, GR und HNF4α eine funktionelle Rolle in der transkriptionellen Regulation von CYP2C8 spielen. Sie identifizierten eine CAR/PXR Bindestelle im Promotor des CYP2C8 Gens, welche durch Bindung von prototypischen Liganden wie CITCO (CAR) und Rifampicin (PXR) für eine Induktion des CYP2C8 in humanen Hepatozyten verantwortlich war. Daher könnte auch in diesem Fall eine verstärkte Aktivierung der Kernrezeptoren CAR und PXR für die Induktion der CYP2C8 Expression und die darauf folgende CYP2C8 Aktivität verantwortlich sein.

3. Diskussion

Mit dem Cocktail-Assay war es möglich, die Auswirkung verschiedener Statine auf mehrere CYPs gleichzeitig zu bestimmen. Die Ergebnisse deuten auf einen größeren Effekt als bisher angenommen hinsichtlich der CYP-Expression hin und es wurde das CYP2C8, als neues von Statinen stark induziertes P450 Enzym identifiziert.

3.3 Etablierung der lentiviralen RNA-Interferenz in humanen Hepatozyten

In der vorliegenden Arbeit sollte der Einfluss verschiedener potentieller Elektronendonatoren des P450 Monooxygenase-Systems in primären humanen Hepatozyten mittels RNA-Interferenz (RNAi) untersucht werden.
Dazu wurden die Gene NADPH P450 Oxidoreduktase (POR), Cytochrom b_5 und die beiden Progesteronrezeptor Membrankomponenten PGRMC1 und PGRMC2 mit spezifischen shRNAs versucht herunter zu regulieren und anschließend die CYP-Aktivitäten mit dem Cocktail-Assay gemessen.

Funktionalität der shRNAs
Nachdem die Methode der RNAi in der HepG2 Zelllinie etabliert und in humane Hepatozyten übertragen wurde, wurde festgestellt, dass zum effektiven Transfer der gewünschten siRNA-Sequenz die Methode der Transfektion nicht ausreichte und deshalb eine lentivirale Infektion notwendig war. Hier wurden mit Hilfe des »BLOCK-iT^{TM} Lentiviral RNAi Expression System« von Invitrogen verschiedene virale Partikel zur Transduktion der humanen Hepatozyten entwickelt. Für jedes Gen wurden je zwei unterschiedliche shRNA-Sequenzen in die Viruspartikel verpackt, die vorher im psiCHECK2-Vektor System in der HepG2 Zelllinie von Shiromi Baier auf ihre Funktionalität überprüft wurden (Diplomarbeit, 2009). Dazu wurden für jedes Gen ursprünglich vier verschiedene shRNAs entworfen und getestet, denn es ist bekannt, dass die Effizienz mehrerer verschiedener Sequenzen gegen ein Zielgen sehr unterschiedlich sein kann.
Da die Produktion der viralen Partikel relativ zeitaufwendig und teuer ist, wurde so versucht, eine optimale Auswahl der effektiven Sequenzen im Vorfeld zu treffen.
Für das Gen POR wurde eine funktionelle und eine nicht funktionelle shRNA aus dem Viererset ausgewählt, für die anderen drei Gene wurden jeweils die zwei besten Sequenzen für die Virusproduktion eingesetzt. Alle hier verwendeten shRNAs wurden mit Hilfe des »BLOCK iT^{TM} RNAi Designer« von Invitrogen entworfen bzw. aus schon verwendeten siRNAs umgewandelt (Tabelle 12). Dieses Programm führt für alle im »Design Center« vorgeschlagen shRNAs, im Vorfeld eine in silico Berechnung durch und erstellt ein Ranking für einen möglichst erfolgreichen Knock-Down

des Zielgens. Für shRNAs, die aus siRNAs umgewandelt werden wird kein Ranking angegeben. Insgesamt wurden neun der 16 verwendeten shRNAs mit dem »RNAi Designer« neu erstellt. Die beiden Negativkontrollen (DF9 und DF10) sind validierte bzw. vom Hersteller vorgeschlagene Kontroll-siRNAs, die in vorherigen siRNA Experimenten (nur DF9) schon verwendet wurden und nun in shRNA-Sequenzen umgewandelt wurden. Bis auf eine Sequenz erzielten im psiCHECK2-System alle shRNAs deutliche Knock-Down Resultate, die sich in den humanen Hepatozyten aber nicht unbedingt bestätigen ließen (Tabelle 10).

Sehr eindeutig und effizient für einen Knock-Down erwies sich die shRNA DF1. In den viral infizierten Hepatozytenchargen (Exp.1, 2 und 5) konnte ein Knock-Down der POR RNA zwischen 60 und 94% detektiert werden. Außerdem wurde diese Sequenz vorher schon als siRNA in Transfektionsexperimenten erfolgreich verwendet (Tabelle 11) und auch das psiCHECK2-System konnte eine hohe Funktionalität bestätigen (Diplomarbeit Baier, 2009). Die shRNA DF4 konnte im psiCHECK2-System keinen Knock-Down vorhersagen, im Hepatozytenexperiment waren die Ergebnisse sehr unterschiedlich und nicht reproduzierbar. Dies könnte durch unspezifische Bindung, sogenannte »Off-target Effekte« der shRNA erklärt werden.

Generell lässt sich sagen, dass sich die im psiCHECK2-System vorhergesagten Knock-Down Effekte in humanen Hepatozyten nur teilweise bestätigen ließen. Die Auswirkungen der shRNAs gegen POR entsprachen ziemlich genau der Vorhersage des psiCHECK2-Systems. Für die shRNAs der anderen Gene wurde entweder kein Effekt oder nur ein in etwa halb so großer wie vorhergesagt in den Hepatozyten detektiert.

Es bleibt allerdings zu untersuchen, ob sich dies in weiteren Experimenten bestätigt, da nur wenige Experimente mit diesen shRNAs unter nicht ganz optimalen Bedingungen durchgeführt wurden (Tabelle 9) und die Experimente in humanen Hepatozyten sehr abhängig von der Zellpräparation und dem individuellen Patienten sind.

3. Diskussion

Tabelle 10: Zusammenfassung der Knock-Down Effekte der getesteten shRNAs gegen die vier Elektronendonator-Proteine im psiCHECK2-System und in humanen Hepatozyten.

Zielgen	Name	Score	Knock-Down psi-CHECK2	Knock-Down in Hepatozyten
POR (NM_000941)	shRNA DF1	validierte, umgewandelte siRNA POR1	75%	~60-94%
	shRNA DF4	3,5 von 5 Sternen	0%	~0-64%
Cytochrom b_5 (NM_148923.2)	shRNA DF6	umgewandelte siRNA Design Center Dharm.	50-60%	0%
	shRNA DF7	4 von 5 Sternen	95%	~51%
PGRMC1 (NM_006667)	shRNA SB2	3,5 von 5 Sternen	65%	~10-27%
	shRNA SB4	umgewandelte siRNA Design Center Ambion	50%	0%
PGRMC2 (NM_006320)	shRNA SB5	umgewandelte siRNA Design Center Qiagen	50%	~0-30%
	shRNA SB8	umgewandelte siRNA Design Center Ambion	65%	0%

Ein entscheidender Unterschied, der das psiCHECK2-System von den humanen Hepatozyten unterscheidet und der daher auch ein Grund für die unterschiedlichen Ergebnisse sein könnte, ist die fehlende Ausbildung der vollständigen richtigen Sekundärstruktur der RNA. Denn für die meisten Tests im psiCHECK2-System wurden nur Teile der cDNA in den psiCHECK2-Vektor gekloniert und damit liegt die exprimierte RNA nicht als komplette und 1:1 übertragbare Struktur im Vergleich zur mRNA in den Hepatozyten vor. Die Sekundärstruktur kann sich in diesem Fall höchst wahrscheinlich nicht wie im humanen Zellsystem ausbilden. Dazu kommt der Unterschied im Testsystem: Proteine, die sich in Hepatozyten an die mRNA binden können, sind möglicherweise in der verwendeten HepG2 Zelllinie nicht vorhanden. Denn das Proteinexpressionsmuster dieser Hepatomazelllinie ist nicht das gleiche wie in den humanen Hepatozyten; beispielsweise sind die P450 Enzyme viel niedriger oder nicht exprimiert (Wilkening and Bader, 2003).

Da aber die Zugänglichkeit der Zielregion auf der mRNA, bedingt durch Sekundärstruktur und Proteine, ein sehr wichtiger Faktor für eine effektive RNA-Interferenz ist, könnte dies eine Erklärung sein, warum die Funktionalität der shRNAs im psiCHECK2-System sehr viel besser funktionierte als in den Hepatozyten.

Infektionsfähigkeit

Für den Erfolg des »Gene Silencing« sind mehrere Faktoren, nicht nur die hohe Funktionalität der shRNA, sondern auch ein effektiver Transfer der si- bzw. shRNA in die Zielzellen, von entscheidender Bedeutung.

Zur Etablierung der RNAi Methode wurde anfangs mit der Zelllinie HepG2 gearbeitet, in der ein effizienter Knock-Down der POR auf RNA- und Proteinebene nachgewie-

3. Diskussion

sen werden konnte (Abbildung 20). Die HepG2 Zellen wurden erfolgreich, zu über 90%, mit der Methode der Magnetofektion (MATra) transfiziert. Diese humane Hepatomazelllinie exprimiert zwar viele spezifische Leberproteine wie auch das Protein POR, aber keine oder zu wenig funktionelle P450 Enzyme, so dass die weiteren Experimente in humanen Hepatozyten, die unter anderem schwer transfizierbar sind, durchgeführt werden mussten.

Dort konnte mit der MATra-Methode im besten Fall eine Transfektionseffizienz von bis zu 65% erzielt werden (Abbildung 21). Dies entspricht zur Zeit der wohl höchsten nicht viralen Transfektionseffizienz primärer humaner Hepatozyten (Feidt et al., 2009). Der Knock-Down für die Reduktase lag bei max. 70% auf RNA-Ebene, aber nur bei 25% für die verminderte POR Aktivität (Abbildung 22). Da aber die Ergebnisse hinsichtlich der Transfektion trotz gleichbleibender Bedingungen sehr variabel waren und auch ein höherer funktioneller Knock-Down das Ziel war, wurde ein virales System zur Translokation der siRNA in die humanen Hepatozyten entwickelt und eingesetzt, um eine effizientere und reproduzierbare RNAi erzeugen zu können.

Hier wurde das oben schon genannte »BLOCK-iT^{TM} Lentiviral RNAi Expression System« von Invitrogen verwendet, welches mit einer eGFP-Expressionskassette modifiziert wurde, um die Effizienz der Infektion durch das Fluoreszenzsignal relativ einfach überprüfen zu können.

Allerdings wurde hier schnell klar, dass auch die Infektion der primären humanen Hepatozyten nicht so trivial wie vorher angenommen, durchzuführen war. Zuerst musste die Menge der einzusetzenden Virenpartikel bestimmt werden, die zu einer effizienten Infektion der Primärzellen führen. Die Effizienz ist, wie bei der Transfektion, auch hier sehr abhängig von der Zellzahl bzw. -dichte, die sich aber bei zu wenigen Zellen limitierend für die spätere Analytik auswirkt. Außerdem bedingt der Zell-Zellkontakt als wichtige Voraussetzung die Funktionalität der Hepatozyten. Daher wurden $0,4 \times 10^6$ Zellen pro Well einer 12 Lochplatte ausgesät und es mussten entsprechend viele virale Partikel zur Infektion eingesetzt werden. Es wurde nach mehreren Vorversuchen eine MOI (multiplicity of infection) von 5, was einer 5-fachen Virusmenge wie Zellen entspricht, zur Infektion der Hepatozyten eingesetzt. In der Literatur gibt es bisher nur wenige Vergleichswerte, aber in den Arbeiten von Selden et al. (2006) und Zamule et al. (2008) wurden auch virale Partikel in den Mengen der MOI 1 bis 10 verwendet. Zamule et al. (2008) konnte durch Expression des GFP Proteins zeigen, dass bei einer MOI von 5 mehr als 75% der humanen Hepatozyten infiziert wurden. Außerdem wiesen Nguyen et al. (2002) nach, dass selbst bei einer MOI von 30 bis 50 keine höhere Infektionsrate als 80% zu erreichen war.

Nach der Infektion der Hepatozyten wurde die Infektionsrate im Mikroskop durch die Expression des eGFP und deswegen grün fluoreszierenden Zellen beobachtet. Je nach Charge wurde im optimalen Fall mit dem Auge eine ~70-80%ige Effizienz abgeschätzt.

Allerdings zeigte sich auch hier, wie bei der Transfektion der siRNAs, dass die Infektionsrate von Zellcharge zu Zellcharge trotz gleicher Parameter, vor allem bei der gleich eingesetzten MOI, teilweise sehr unterschiedlich war. Zudem wurde bei verschiedenen Viruschargen in den Zellen von einem Patienten und gleich eingesetzter MOI des Öfteren eine unterschiedliche Fluoreszenz im Mikroskop, aber vor allem auch später in der RNA-Expression der TaqMan-Analyse festgestellt. Zum Beispiel wurde innerhalb eines Experimentes (Vorversuche oder Exp.5 am Tag 7) bis zu 7-fache Unterschiede in der eGFP-Expression mittels TaqMan Analyse gemessen.

Messen der eGFP-Expression:
Die eGFP-Expression wurde mittels quantitativer Real Time-PCR bestimmt und konnte nicht relativ auf einen Kalibrator bezogen, sondern nur auf die ribosomale 18S RNA normiert werden. Daher wurde die eGFP Messung nur mit $2^{-\Delta Ct}$ berechnet (siehe 4.2.3.3). Um aber die eGFP-Expression verschiedener Experimente miteinander vergleichen zu können, muß in der Messung immer die gleiche Menge an cDNA eingesetzt werden (z.B. 25 pg für 18S und 5 ng für eGFP). Daher ist es evtl. besser, die beiden Gene durch Plasmidstandards zu quantifizieren. Eine weitere Möglichkeit wäre eine Standardreihe mit unterschiedlich stark infizierten Zellen (z.B MOI 0,1 bis 100) zu verwenden, um so doch einen Kalibrator zu bekommen, der als 100%-Level angenommen werden kann.

Allerdings gibt keine der bisher verwendeten oder vorgeschlagenen Methoden zur Quantifizierung der eGFP-Expression Auskunft über den »Ratio der Infektion«, was so viel bedeutet, dass es unbekannt bleibt, ob z.B. 10 quantifizierte Transkripte aus einer Zelle stammen oder es 10 Zellen mit je einem Transkript waren, die gemessen wurden.

Eine weitere Bedeutung für die Infektionsrate spielt auch der Zeitpunkt der Infektion nach dem Ausplattieren der Hepatozyten (Nguyen et al., 2002). Am ersten und zweiten Tag nach dem Ausplattieren wurde bei einer MOI von 30 eine sehr viel höhere Infektionsrate als am Tag 0 oder am Tag 3 erreicht (80% gegenüber 50%). Die Infektionen in dieser Arbeit erfolgten alle am Tag 2 nach dem Ausplattieren.

Zeitpunkt für Analytik
Als Nächstes musste der geeignete Zeitpunkt für die Analytik des Knock-Downs festgelegt werden, da im Gegensatz zur Transfektion der siRNA-Oligonukleotide, die shRNAs erst vom pLenti-Vektor exprimiert und in siRNA-Moleküle »umgebaut« werden müssen, bevor sie eine RNAi auslösen können. Nach 3 bis 4 Tagen wurde bereits auf RNA-Ebene ein Knock-Down der Reduktase von 60-76% detektiert (Tabelle 9). Da aber auf Proteinebene für POR keine reproduzierbaren Ergebnisse erhalten wurden, war nicht klar, ob dieser Zeitraum ausreicht, um Effekte einer möglichen verminderten Elektronenübertragung (durch weniger POR Protein) auf die

3. Diskussion

P450 Aktivitäten zu erfassen. Daher wurde im Experiment 5 ein Zeitraum von bis zu 7 Tagen gewählt, um dies zu untersuchen.
Andere Arbeiten wählten auch den Zeitraum von 4 bis 7 Tagen zur Untersuchung der GFP-Expression bzw. Auswirkungen der Virusinfektion (Nguyen et al., 2002; Selden et al., 2007; Zamule et al., 2008). Allerdings ist dabei zu beachten, welche Targetgene zu diesem Zeitpunkt angeschaut werden sollen und ob deren Expression über die »lange« Kulturdauer stabil ist. Für die P450 Enzyme konnte gezeigt werden, dass, ausgenommen die Enzyme der CYP2C Familie (nur noch 30% Restaktivität verglichen zum Startpunkt des Experiments), die CYP-Aktivitäten bis zu vier Tagen gut und verlässlich messbar waren (Abbildung 14). Währenddessen ließen sich am Tag 7 z.B. nur noch ~20% CYP3A4 Aktivität verglichen zum Basallevel (Tag 0) nachweisen. Die anderen CYPs zeigten nach ersten Messungen am Tag 7 teilweise sehr abfallende und vor allem sehr schwankende Messwerte in den Doppelbestimmungen (Well zu Well, Daten nicht gezeigt). Auch Liao et al., (2010) konnte nach einem Kulturzeitraum der Hepatozyten von insgesamt 5 Tagen (entspricht hier dem Tag 3) einen Rückgang der CYP-Aktivitäten 1A2, 2C8, 2C9, 2C19, 2D6 und 3A4 von 70 bis 80% feststellen. Die Aktivität des CYP2C19 war zu diesem Zeitpunkt gar nicht mehr nachweisbar. Die besondere Empfindlichkeit des CYP2C19 konnte auch in dieser Arbeit schon öfters beobachtet werden.
Außerdem beobachtete Selden et al. (2006), dass humane Hepatozyten nach sieben Tagen in Kultur starke Änderungen in der Morphologie aufwiesen. Sie erkannten eine vermehrte Bildung von nicht parenchymalen Leberzellen, obwohl die Kultur mit über 97% »reinen« Hepatozyten ausplattiert wurde.

Diskussion Kontrollen

Als weitere Schwierigkeit zeigte sich in den lentiviralen Knock-Down Experimenten die Auswahl einer geeigneten Negativkontrolle. Zur Bestätigung einer effektiven und vor allem spezifischen RNA-Interferenz sollte als Negativkontrolle ein sogenannte »scrambled« oder Non-silencing Kontrolle verwendet werden. Diese bestätigen im Vergleich die Funktionalität der verwendeten si/shRNA zum Knock-Down eines bestimmten Gens. Außerdem lassen sich mit solch einer Kontrolle Änderungen im Genexpressionsprofil, die durch die Transfektion oder Transduktion der si/shRNA hervorgerufen werden, aufzeigen.
Die »scrambled« siRNA ist eine Kontrolle mit anderer Sequenz, aber der gleichen Basenzusammensetzung wie die genspezifische siRNA. Das bedeutet, dass für jede eingesetzte genspezifische siRNA eine andere »scrambled« Kontrolle benutzt werden muß. Die Sequenz der Basenzusammensetzung der hier verwendete Non-targeting Kontrolle, besitzt hingegen keine Homologie zu einem humanen oder murinen Gen.

3. Diskussion

In dieser Arbeit wurden zwei verschiedene Non-targeting Sequenzen, sowie eine »Mock-Virus« Kontrolle, die keine shRNA enthält, als Kontrollen verwendet. Der »Mock-Virus« zeigt das veränderte Expressionsmuster der Zellen, welches allein durch die Virusinfektion ausgelöst wird an.

Die Negativkontrolle DF9 zeigte im Vergleich zum »Mock-Virus« und den unbehandelten Zellen einen relativ geringen Einfluss auf die vier herunterzuregulierenden- und zwei mögliche Targetgene (Abbildung 40). Dies wurde auch vom Hersteller im Großformat auf einem Mikroarray getestet (http://www.dharmacon.com/product/productlandingtemplate.aspx?id=340). DF10 wies oftmals stärkere Unregelmäßigkeiten auf (Abbildung 39, Abbildung 40). Deswegen wurden die Ergebnisse aller Knock-Down Experimente auf die Negativkontrolle DF9, deren Sequenz auch schon für die siRNA-Experimente verwendet wurde, normiert.

Optimierungsvorschläge

Hinsichtlich der unterschiedlichen Infektionsraten bei gleich verwendeter MOI gibt es einige Optimierungs- oder Verbesserungsvorschläge in der Handhabung für die Virusproduktion bzw. Infektion der Hepatozyten.

Um eine gleichmäßigere Infektion der humanen Hepatozyten, sowohl in einer Zellcharge als auch in verschiedenen Experimenten zu erlangen, sollte der experimentelle Ablauf der Infektion und der Titerbestimmung für jede Viruscharge optimiert werden.

Die Infektion der verschiedenen Wells sollte im Master-Mix (Virus, Hepatozytenmedium und Polybren) erfolgen, was zu einer gleichmäßigeren Virussuspension im Zellüberstand von Well zu Well führt. Als weiteres wichtiges Kriterium für eine gleichmäßige Infektionsrate sollte auf eine etablierte und verlässliche Methode zur Bestimmung des Virustiters geachtet werden.

Sehr wichtig ist dabei, den funktionellen Titer der Viruspartikel, das bedeutet die Anzahl der infektiösen und nicht nur viralen Partikel (Nachweis von z.B. p24 Protein oder Virus RNA) zu bestimmen. Diese wurden mit der Titerbestimmung nach Infektion der HT-1080 Zellen durch die eGFP-Expression nachgewiesen.

Das Titern der verschiedenen Viruschargen muß in jedem Fall immer bei gleichen Bedingungen (vor allem Zelldichte, Zeitpunkt der Titerbestimmung nach Infektion und gleiche Zelllinie) und Doppelbestimmung für mindestens zwei verschiedene Infektionsvolumen erfolgen. Auch hier sollten die Zellen mit dem »Master-Mix« infiziert werden. Die Anwendung des FACS für die Titerbestimmung ist personenunabhängiger und objektiver als das Auszählen der fluoreszierenden Zellen am Mikroskop. Diese Methode der Titer- und Infektionsratenbestimmung wird meistens bei GFP exprimierenden Viruskonstrukten verwendet (Nguyen et al., 2002; Geraerts et al., 2006; Selden et al., 2007). Eine weitere Methode, die zum Titern verwendet werden kann, ist die Quantifizierung der mRNA-Level des eGFP mittels Real time PCR.

3. Diskussion

Geraerts et al. (2006) konnte zeigen, dass diese Methode sehr gut mit der Anzahl der fluoreszierenden Zellen, die mit dem FACS gemessen wurden, korrelierte.

Außerdem ist für die Überprüfung und vor allem der genaue Vergleich der »Infektionsraten« zwischen allen Wells in den Hepatozyten, die Quantifizierung mittels RT-PCR die einzige Wahl. Denn so kann für jedes zu untersuchende Well, für das RNA isoliert wurde, die eGFP-Expression bestimmt werden. Beachtet werden muß hier in jedem Fall aber die Normierung auf ein Referenzgen wie z.B. 18S oder RPLP0.

Das zur Aufkonzentrierung der lentiviralen Partikel verwendete PEG kann optimalerweise durch die Benutzung einer Ultrazentrifuge ersetzt werden. Denn durch die Konzentrierung der Viren mittels Zentrifugation besteht nicht die Möglichkeit des Zurückbleibens von PEG-Resten, welche ein gleichmäßiges Resuspendieren der Viruspellets erschweren. Deswegen lässt sich mit der Ultrazentrifugation eine deutlich homogenere Virussuspension herstellen, die auch eine gleichmäßigere Infektion verschiedener Wells möglich macht.

Eine Möglichkeit, die Infektionsrate des Lentivirus zu erhöhen, wäre evtl. die Kombination der Viruspartikel mit sogenannten »Magnetic Beats«. Dies basiert ähnlich wie die MATra-Methode auf dem Mechanismus der Magnetofektion und soll somit durch physikalische Kräfte helfen, die Zielzellen zu infizieren. Erste Vorversuche wurden hierzu unternommen.
Außerdem gab es schon Arbeiten bei denen die lentivirale Infektion von humanen Hepatozyten durch Zugabe von verschiedenen Wachstumsfaktoren (Selden et al., 2007) wie HGF (Hepatocyte Growth Factor) oder EGF (Epidermal Growth Factor) oder Vitamin E (Nguyen et al., 2002) versucht wurde, zu steigern.

3.4 RNA-Interferenz als Methode zur Untersuchung der P450 Aktivität

Die RNA-Interferenz (RNAi) wird intensiv in vitro in Säugetierzellen oder in vivo in Modellorganismen angewandt, um die Funktion von verschiedenen Genen zu untersuchen (Fischer 2010). Die Effizienz des Knock-Downs durch si-/shRNA Moleküle ist abhängig von der Funktionalität der Oligonukleotidsequenz, des Transfers in die Zielzellen, sowie möglichen »Off-target Effekten«.
Um mit der RNAi potentielle Auswirkungen eines Gen Knock-Downs verschiedener Monooxygenase-Reaktionspartner untersuchen zu können, wurden mehrere Zellsysteme verwendet. Der »Goldstandard« für die Untersuchung von P450 Enzymen sind

humane Hepatozyten, da diese dem Modell der humanen Leber am Besten entsprechen. Allerdings gibt es aus Gründen der Verfügbarkeit, Handhabung und begrenzter Verwendbarkeit der Zellen einige Schwierigkeiten, so dass die Etablierung der RNAi in unterschiedlichen Zellsystemen erfolgte.

Das artifizielle psiCHECK2-System von Promega wurde verwendet, um die Funktionalität verschiedener siRNA-Sequenzen, die zur Produktion lentiviraler Partikel eingesetzt werden sollten, zu testen. Um die Methode der RNAi zu etablieren, wurde die P450 Reduktase (POR) mit verschiedenen siRNA-Sequenzen in der humanen Hepatomazelllinie HepG2 herunterreguliert und der Gen Knock-Down auf RNA- und Proteinebene nachgewiesen. Da diese Zellen jedoch keine aktiven P450 Enzyme exprimieren, wurde eine Zelllinie mit aktiven CYP-Enzymen, (von der Firma Biopredic zur Verfügung gestellt) zur RNAi der P450 Reduktase eingesetzt. Allerdings wurden hier ähnliche Probleme wie bei den humanen Hepatozyten festgestellt bzw. waren die Vorteile einer Zelllinie, wie Verfügbarkeit, gleiche Bedingungen jeder Charge und eine allgemein einfache Handhabung nicht gegeben. Deswegen wurde letztendlich doch auf das System der humanen primären Hepatozyten zurückgegriffen, für die ein lentivirales System zum effektiven siRNA-Transfer entwickelt wurde.

Mit diesem wurde ein effektiver Knock-Down von POR, Cytochrom b_5 und PGRMC1 auf RNA-Ebene erzielt. Die Auswirkungen des Knock-Downs der Monooxygenase-Reaktionspartner auf die P450 Enzyme konnten mit dem Cocktail-Assay nach 7 Tagen bisher nur für das Enzym CYP3A4 gemessen werden. Bei erfolgreichem Knock-Down wurde eine bis zu über 90%ige Reduktion in der Hydroxylierung von Atorvastatin gemessen. Am Stärksten vermindert war die CYP3A4 Aktivität nach dem Knock-Down der Reduktase (>90%), gefolgt von Cytochrom b_5 (~90%) und dem PGRMC1 (~75%). Allerdings kann dies auch durch die unterschiedliche stark reduzierten Level der mRNA zurückzuführen sein (POR 70%, Cytochrom b_5: 50%, PGRMC1: 25%).

Problematisch scheinen aber vor allem die Auswertung und Reproduzierbarkeit der Aktivitätsmessungen nach 7 Tagen nach der Infektion zu sein. Bis auf CYP3A4 konnte keine der andern Enzymaktivitäten (CYPs 1A2, 2B6, 2C8, 2C9, 2C19 und 2D6) zu diesem Zeitpunkt durch zu große Streuung von Well zu Well mehr reproduzierbar gemessen werden. Am Tag 4 konnten meist noch alle CYP-Aktivitäten ohne Probleme nachgewiesen werden (Abbildung 14), aber es wurde zu diesem früheren Zeitpunkt auch nur eine geringe Reduktion der Aktivitäten festgestellt. Deshalb muss für zukünftige Experimente ein Mittelweg zwischen funktionellem Knock-Down eines Gens und noch stabilen CYP-Aktivitäten gefunden werden. Außerdem spielt die Halbwertszeit des Proteins, welches durch die RNAi letztlich herunterreguliert werden soll auch eine große Rolle. Es wäre es besser den Zeitpunkt für eine signifikante Proteinreduktion des entsprechenden Gens zu ermitteln und die Untersuchung der P450 Aktivitäten optimalerweise zu diesem Zeitpunkt erfolgen.

3. Diskussion

Eine weitere Alternative wäre die Aktivitäten der CYP-Enzyme über einen längeren Kulturzeitraum stabil zu halten. Hier könnten evtl. die Induktion der P450 Enzyme, die Verwendung der Hepatozyten in Sandwichkulturen oder die Zugabe von Wachstumsfaktoren eine Möglichkeit sein.

Abschließend lässt sich festhalten, dass diese ersten Ergebnisse deutlich auf eine Interaktion der Enzyme POR, Cytochrom b_5 und PGRMC1 mit den Arzneistoffmetabolisierenden CYP Enzymen und deren Aktivität hinweisen.

3.5 Zusammenfassung Cocktail-Assay

Der CYP Cocktail-Assay wurde entwickelt, um die sieben wichtigsten Arzneistoff metabolisierenden Enzyme, CYP 1A2, 2B6, 2C8, 2C9, 2C19, 2D6 und 3A4, gleichzeitig in humanen Hepatozytenkulturen messen zu können. Er wurde erfolgreich in primären Hepatozytenchargen eingesetzt und erwies sich als sehr nützlich für unterschiedliche Anwendungen.

Zum einen wurde er verwendet, um zuverlässige Induktionsaktivitätsprofile dieser sieben CYPs gleichzeitig zu bestimmen. Außerdem wurden nach RNAi Knock-Down Experimenten von potentiellen Monooxygenase-Reaktionspartnern mögliche Änderungen der P450 Aktivitäten gemessen.

Die Ergebnisse demonstrieren den Nutzen des Aktivität Cocktail-Assays mit humanen Hepatozyten als geeignetes Modell. Die Daten sind besonders interessant für die Grundlagenforschung in der Regulation von P450 Enzymen, aber auch für die Klinik in Hinsicht auf Arzneimittelwechselwirkungen.

4. Material und Methoden

4.1 Material

4.1.1 Chemikalien

Chemikalien	Hersteller, Firmensitz
Agar	PEQLAB Biotechnologie GmbH, Erlangen
Ampicilin	Sigma-Aldrich, Steinheim, Deutschland
Acetonitril	Sigma-Aldrich, Steinheim, Deutschland
Acetaminophen [^{2}H$_4$] Acetaminophen	TRC (Toronto Research Chemicals), Kanada
Amodiaquin N-Desethylamodiaquin [^{2}H$_5$] N-Desethylamodiaquin	TRC (Toronto Research Chemicals), Kanada
Atorvastatin Acid o-/p-Hydroxyatorvastatin [^{2}H$_5$] o-/p-Hydroxyatorvastatin	TRC (Toronto Research Chemicals), Kanada
Bupropion hydrochlorid Hydroxybupropion Hydrochlorid [^{2}H$_3$] Hydroxybupropion Hydrochlorid	Aus chemischer Synthese gewonnen und beschrieben in Richter et al., 2004
BSA (bovine serum albumin)	Sigma Aldrich, Steinheim
Glucose-6-Phosphat	Roche, Mannheim
Glucose-6-Phosphat-Dehydrogenase	Calbiochem, Darmstadt
Hefeextrakt	Merck, Darmstadt
Kanamycin	Sigma Aldrich, Steinheim
Lovastatin	TRC (Toronto Research Chemicals), Kanada
Metaphor-Agarose	PEQLAB Biotechnologie GmbH, Erlangen
Natrium-Chlorid (NaCl)	Merck, Darmstadt
NADP$^+$	Sigma Aldrich, Steinheim
PEG-it^{TM} Virus Precipitation Solution	System Biosciences (SBI), Kalifornien
Phenacetin	Sigma Aldrich, Steinheim
Phenobarbital	Sigma Aldrich, Steinheim
Polyacrylamid	BIO-RAD, München
Ponceau-Lösung	Sigma Aldrich, Steinheim
Pravastatin Acid	TRC (Toronto Research Chemicals), Kanada
Propafenone 5-Hydroxypropafenon hydrochloride [^{2}H$_7$] 5-Hydroxypropafenone Hydrochloride	Knoll, Ludwigshafen Aus chemischer Synthese gewonnen und beschrieben in Richter et al., 2004
Rainbow Marker RPN 756; 14,3-220 kDa (Molekulargewichtsmarker)	Amersham Pharmacia Biotech, Freiburg
Rosuvastatin	TRC (Toronto Research Chemicals), Kanada
Rifampicin	Sigma Aldrich, Steinheim
S-Mephenytoin	TRC (Toronto Research Chemicals), Kanada

4. Material und Methoden

S-Mephenytoin (viel reiner als von TRC, kaum Nirvanol in der Reinsubstanz)	Urs Meyer, Biozentrum, Basel
4'-Hydroxymephenytoin, [^{2}H$_3$] 4'-Hydroxymephenytoin	Aus chemischer Synthese gewonnen und beschrieben in Richter et al., 2004
Simvastatin Lakton	Merck, Darmstadt
Tolbutamid Hydroxytolbutamid [^{2}H$_9$] Hydroxytolbutamid	TRC (Toronto Research Chemicals), Kanada
Trypton	Merck, Darmstadt

Alle weiteren Chemikalien für z.B. Puffer und Lösungen, wurden in höchstmöglichem Reinheitsgrad von Sigma-Aldrich verwendet.

4.1.2 Lösungen und Puffer

Ammoniumacetat 10mM +1% Ameisensäure	10% NH$_4$Ac CH$_2$O$_2$ in 500 ml Millipore Wasser geben und dann auf 1 l auffüllen	7,7 ml 10 ml
Natriumphosphat 0,3 M pH 7,4	Na$_2$PO$_4$ mit NaH$_2$PO$_4$ auf pH 7,4 eingestellt Lagerung bei 4 °C	0,3 M
NADPH-Regenerierendes System (10x)	NADP$^+$ Glucose-6-Phosphat MgCl$_2$ Glucose-6-Phosphat-Dehydrogenase in 0,1 M Natriumphosphatpuffer pH 7,4 lösen	5 mM 40 mM 50 mM 40 U/ml
1%BSA/ PBS	BSA PBS	1 ml 100 ml

Puffer und Lösungen für SDS-Page und Western Blot

APS: Ammoniumpersulfat 10%	Ammoniumpersulfat dest. Wasser auf 10 ml aufgefüllt	1 g

4. Material und Methoden

Auftragepuffer für SDS-Page (5x Lämmli)	SDS Tris-HCl pH 6,8 Glycerol 2-Mercaptoethanol Bromphenolblau Lagerung bei 4 °C	10 % 0,5 M 50 % 25 % 0,5 %
Lysepuffer für Western Blot	Tris-HCl NaCl Triton X-100 EDTA »Complete« Stammlösung (Proteinase-Inhibitor)	50 mM 0,25 M 0,1% (v/v) 5 mM 15%
Tris-HCl 0,5 M pH 6,8	Trisbase pH 6,8 mit konz. HCl einstellen mit dest. Wasser auf 500 ml auffüllen Lagerung bei 4 °C	30 g
Tris-HCl 1,5 M pH 8,8	Trisbase pH 8,8 mit konz. HCl einstellen mit dest. Wasser auf 500 ml auffüllen Lagerung bei 4 °C	90,75 g
Laufpuffer: (10x)	Trisbase Glycine 20% SDS mit dest. Wasser auf 5 Liter auffüllen	150 g 720 g 250 ml
TBS-Puffer (10x)	NaCl KCl Trisbase pH 7,4 mit konz. HCl einstellen (ca. 100ml), mit Milli Q Wasser auf 5 Liter auffüllen	400 g 10 g 15 g
Waschpuffer TBS-T	TBS (10x) Tween 20 mit dest. Wasser auf 5 Liter auffüllen	500 ml 5 ml
Transferpuffer:	Trisbase Glycine 20% SDS dest. Wasser mit Methanol auf 5 Liter auffüllen	29 g 14,6 g 9,5 ml 4 l

4. Material und Methoden

4.1.3 Reagenzien, Kits und Bakterienstämme

Reagenzien	Hersteller, Firmensitz
2x TaqMan Master-Mix Puffer	Applied Biosystems, Darmstadt
MATra-A Reagenz (Magnet Assisted Transfektion), Transfektionsreagenz	IBA BioTAGnology, Göttingen
Metafectene PRO	Biontex Laboratories GmbH, München

Kits	Hersteller, Firmensitz
BLOCK-iT™ Lentiviral RNAi Expression System (#K4944-00), dieses beinhaltet die beiden folgenden Kits:	Invitrogen, Karlsruhe
BLOCK-iT™ U6 RNAi Entry Vector Kit (#K4943-00) BLOCK-iT™ Lentiviral RNAi Expression System (#K4944-00)	Invitrogen, Karlsruhe
QIAprep® Spin Miniprep Kit	Qiagen, Hilden
PureYield™ Plasmid Midiprep System	Promega, Madison, USA
RNeasy Mini Kit (RNA Isolation)	Qiagen, Hilden
RNA-6000-Nano LabChipKit	Applied Biosystems, Darmstadt

Bakterienstämme	Hersteller, Firmensitz
One Shot® TOP10 Chemically Competent E.coli (für pENTR™/U6 Entry Construct)	Invitrogen, Karlsruhe
One Shot® Stbl3™ Chemically Competent E.coli (für pLenti-Vektor mit shRNA, nach Rekombination mit pENTR™/U6)	Invitrogen, Karlsruhe
DB3.1™ Chemically Competent E.coli (für pLenti/CMV-EGFP-WPRE)	Invitrogen, Karlsruhe

4.1.4 Restriktionsenzyme

Die Restriktionsenzyme wurden von den Firmen New England Biolabs (Frankfurt) und Roche (Mannheim) bezogen.

4.1.5 Verwendete Oligonukleotide (si/shRNAs)

Tabelle 11: Verwendete Oligonukleotide für siRNA Experimente zum Knock-Down des Gens POR. Die Tabelle zeigt die verwendeten siRNAs der verschiedenen Hersteller. Zusätzlich wird die Art des Designs, die Modifikation, die Sequenz und ihrer Lage im Gen angegeben.

siRNA	Hersteller	Design der siRNA	Exon	Modifikation	Sequenz 5´-3´
siRNA POR 1	Dharmacon	validiert (J-010114-09-0005)	5/6	-	GGG UCA AGU UCG CGG UGU UUU
siRNA POR 2	Ambion	pre-designed (#16708)	16	-	GGG AUG UGC AGA ACA CCU UdTdT
siRNA POR 3	Qiagen	pre-designed (#1515667)	16	-	GGU GGA CUA CAU CAA GAA AdTdT
siRNA POR 4	Dharmacon	self-designed	4	-	GGA ACA UCA UCG UGU UCU AdTdT
AllStars Negativkontrolle	Qiagen	validiert (#1027290)	-	3´-Fluorescein	nicht bekannt
DF9 Negativkontrolle	Dharmacon	validiert (#D-001210-03-20)	-	-	AUG UAU UGG CCU GUA UUA GUU

Die siRNAs wurden als doppelsträngige Oligonukleotide gekauft und verwendet. Die siRNA POR 1 von Dharmacon, dessen Sequenz aus dem Übergang von Exon 5, 6 stammt, ist eine auf humanes POR getestete und validierte siRNA.
Die verwendeten siRNAs der Firma Ambion und Qiagen stammen aus der Sequenz von Exon 16 des POR Gens und wurden als »pre-designte« Sequenzen für die P450 Reduktase angegeben.
Die vierte, auch von Dharmacon stammende, benutzte siRNA wurde mit dem siDesign Center von Dharmacon (http://www.dharmacon.com/designcenter) »selbst entworfen«. Hier wurde die erstellte Sequenz, die sich im Exon 4 befindet, mit 80%iger Wahrscheinlichkeit als beste Targetsequenz für einen Knock-Down der Reduktase angegeben.
Alle verwendeten siRNAs wurden mit zwei Desoxythymidinen (dT) als 3´Überhänge gestellt, sofern man diese selbst festlegen konnte. Diese Überhänge an beiden Strangenden erhöhen die Resistenz der Oligonukleotide gegen Nukleasen innerhalb der Zelle. Am weitesten verbreitet sind die DNA-Dimere (Desoxythymidine, dT) als 3' Überhänge.
Die als Negativkontrollen verwendeten siRNAs DF9 und DF10 (Tabelle 11) sind von den Herstellern empfohlene und teilweise validierte »Non-targeting« siRNAs, die keine Sequenzhomologie mit einem humanen oder murinen Gen aufweisen. Auch im BLAST (Basic Local Alignment Search Tool) der NCBI (National Center for Bio-

4. Material und Methoden

technology Information) Datenbank konnten keine Übereinstimmungen für diese Sequenzen gefunden werden.
Die AllStars Negativkontrollen wurden zur Bestimmung der Transfektionseffizienz von siRNA-Transfektionen verwendet. Da für diese vom Hersteller aber keine Sequenz bekannt gegeben wurde, konnten sie für die Expression in lentiviralen Partikeln nicht verwendet werden.

Für die Infektion und den Knock-Down in humanen Hepatozyten wurden für die vier potentiellen Monooxygenase-Reaktionspartner jeweils vier verschiedene shRNA Sequenzen entworfen und von Shiromi Baier im psiCHECK2 System auf ihre Funktionalität hin getestet (Diplomarbeit Shiromi Baier, 2009).
Aufgrund der dort beschriebenen und erhaltenen Daten wurden die beiden besten Sequenzen für jedes Gen ausgewählt, um mit diesen pLenti-Vektoren herzustellen, die dann zur Virusproduktion eingesetzt wurden. Diese Sequenzen der shRNAs sind in Tabelle 12 gezeigt.
Die meisten shRNAs wurden mit dem Designtool der Firma Invitrogen erstellt (https://rnaidesigner.invitrogen.com/rnaiexpress/). Außerdem gibt es dort eine Möglichkeit bekannte oder schon getestete siRNAs in die entsprechende shRNA Sequenz umzuwandeln. Dies wurde für die bereits erfolgreich verwendete siRNA POR 1 und weitere Sequenzen, die mit anderen siRNA Design Centern erstellt wurden, angewandt.

4. Material und Methoden

Tabelle 12: Verwendete shRNA Oligonukleotide gegen verschiedene Gene für die Ligation in den pENTR Vektor und anschließender Rekombination mit dem pLenti Virusplasmid. Die Tabelle zeigt die verwendeten shRNAs gegen die verschiedenen Gene. Zusätzlich wird die Art des Designs, die Sequenz und die Lage dieser im Gen angegeben. Die dick gedruckten Basen bezeichnen die Überhangsequenz für die Ligation in den pENTR Vektor und den Loop der shRNA. Die blau markierte Base Guanin wurde vom Designtool für eine später optimale Transkription der shRNA durch die RNA-Polymerase III eingefügt.

shRNA	Gen	Hersteller	Design der shRNA	Exon	Sequenz 5´-3´(Top Strand)
shRNA DF1	POR	Dharmacon	validierte, umgewandelte siRNA POR1	5/6	**CACC**GGGTCAAGTTCGCGGTGTTTG**CGAA**CAAACACCGCGAACTTGACCC
shRNA DF4	POR	Invitrogen	Design Center Invitrogen	10/11	**CACC**GGATGAGGAGTCCAACAAGAA**CGAA**TTCTTGTTGGACTCCTCATCC
shRNA DF6	Cytochrom b$_5$	Invitrogen	umgewandelte siRNA Design Center Dharm.	2	**CACC**GGAACAAGCTGGAGGTGAC**CGAA**GTCACCTCCAGCTTGTTCC
shRNA DF7	Cytochrom b$_5$	Invitrogen	Design Center Invitrogen.	5	**CACC**GCCTTGATGTATCGCCTATAC**CGAA**GTATAGGCGATACATCAAGGC
shRNA SB2	PGRMC1	Invitrogen	Design Center Invitrogen	3	**CACC**GCATGATGTGTTTGTGTGTCA**CGAA**TGACACACAAACACATCATGC
shRNA SB4	PGRMC1	Invitrogen	umgewandelte siRNA Design Center Ambion	3	**CACC**GGATCAACTTTTAGTCATG**CGAA**CATGACTAAAAGTTGATCC
shRNA SB5	PGRMC2	Invitrogen	umgewandelte siRNA Design Center Qiagen	3	**CACC**GGAGAAGAACCATCAGAATAT**CGAA**ATATTCTGATGGTTCTTCTCC
shRNA SB8	PGRMC2	Invitrogen	umgewandelte siRNA Design Center Ambion	3	**CACC**GCCATAAAACCTTGATATCA**CGAA**TGATATCAAGGTTTTATGG
DF9 Negativkontrolle	-	Dharmacon Non-targeting	Validierte, umgewandelte siRNA DF9	-	**CACC**GATGTATTGGCCTGTATTAGTT**CGAA**AACTAATACAGGCCAATACA
DF10 Negativkontrolle	-	Qiagen Non-targeting	umgewandelte siRNA (#1022076)	-	**CACC**GTTCTCCGAACGTGTCACGTTT**AACG**AAACGTGACACGTTCGGAGAA

4.1.6 Primäre humane Hepatozyten

Alle in den Experimenten verwendeten humanen Hepatozyten wurden aus Lebergewebe von Patienten mit einer partiellen Leberresektion an den Universitätskliniken in Berlin (Charité, Humboldt Universität), München (Ludwig-Maximilian-Universität) oder Regensburg (Universität Regensburg) im Rahmen des BMBF »HepatoSys« Projektes (Network Systems Biology) gewonnen. Die experimentelle Durchführung,

4. Material und Methoden

das Aussäen sowie das Versenden der primären Zellen erfolgte nach gemeinsam erstellten Standardarbeitsanweisungen (SOPs) der drei Kliniken (s. Anhang: SOP 01-00: »Isolation of primary human hepatocytes from resected liver tissue«, SOP 02-00: »Seeding of primary human hepatocytes«, SOP 03-00: »Shipping of primary human hepatocytes«). Die Verwendung der humanen Hepatozyten für Forschungszwecke wurde durch die lokale Ethikkommission der Kliniken in Berlin und München (Thasler et al., 2003) bewilligt. Die Patienten wurden eingehend über Ziel, Ablauf und Risiken der Gewebeentnahme und weitere Verwendung des Materials informiert und bestätigten dies durch schriftliche Einwilligung.

Die humanen Hepatozyten wurden, wie auch schon in Weiss et al., 2003 und Nussler et al., 2009 beschrieben, mit einer modifizierten Zwei-Schritt EGTA/Kollagenase Perfusion isoliert. Die Viabilität der Zellen wurde mit Trypanblau-Färbung bestimmt und nur Zellen mit einer Viabilität von über 80% wurden für die für folgende Experimente verwendet. Die isolierten Zellen wurden in 12 Lochplatten mit Kollagen-I beschichteten Wells und einer Zelldichte von 1×10^5 Zellen pro cm^2 ausgesät und mit Hepatozytenmedium bei 37°C und 5% CO_2 kultiviert. Am nächsten Tag erfolgte ein Mediumwechsel und die Primärzellen wurden mit einem Expresslieferdienst (GO) ans IKP nach Stuttgart transportiert, wo sie in der Regel am darauf folgenden Tag ankamen und die eigentlichen Experimente erfolgten.

4.1.7 Lebermikrosomenpool

Der verwendete Lebermikrosomenpool als Kontrolle für Western Blot und Aktivität wurde aus einzelnen Mikrosomenfraktionen von ca. 120 verschiedenen Leberproben zusammen gemischt. Die Mikrosomenisolation wurde wie in Lang et al., 2001 beschrieben, durchgeführt. Die Lagerung der Mikrosomen erfolgte bei -80 °C.

4.1.8 Software, Geräte und Verbrauchsmaterialien

Software

Olympus: Mikroskop: Olympus Imaging Software cell*
Microsoft: Excel, Power Point
Adobe: Acrobat Reader 8.0
ROM logicware: Papyrus Autor III
Invitrogen: VectorNTI 10
GraphPad Prism 5.0

4. Material und Methoden

Gerät	Hersteller
6460 Triple Quadrupole Massenspektrometer	Agilent Technologies GmbH
1200 HPLC System	Agilent Technologies GmbH
Agilent-2100-Bioanalyser mit RNA-6000-Nano LabChipKit	Agilent Technologies GmbH
Photometer 845x UV-Visible System	Agilent Technologies GmbH
7500 Real Time PCR System (Taq Man)	Applied Biosystems
FACS Calibur	Becton Dickinson
Homogenisator: FastPrep FP120	Bio 101 Systems, Thermo Savant
Fast-Blot Apperatur	Biometra
PTC-200, PCR Gerät	Bio-Rad Laboratories GmbH
vertikale Elektrophoresekammer TransBlott, Cell IIxi	Biorad
Ultrazentrifuge 5417c	Eppendorf
Zentrifuge Universal 32	Hettich
Zentrifuge Universal 30 RF	
Odyssey® Infrared Imaging System	LI-COR Biosciences
Inverses Fluoreszenzmikroskop CKX41	Olympus

Verbrauchsmaterial	Hersteller
1,5 ml und 2 ml Eppendorf Reaktionsgefäße, Pipetten, diverse Größen	Eppendorf
Filter 045 µM PVDF	Roth
FastPrep-Röhrchen mit Lysis Matrix D (zum Aufschluss von Zellen)	Bio 101 Systems, Thermo Savant
HPLC Säule: Strategy 5 Pro, 100 x 2,1 mm	Interchim
Lochplatten (6, 12, 24)	Greiner
PROTAN, Nitrocellulose Transfer Membran	Schleicher&Schuell, BioScience
Zellkulturflaschen T175, T-75, T-25	Nunc

4. Material und Methoden

4.2 Methoden

4.2.1 Analytische Methoden

4.2.1.1 Quantifizierung der CYP-Aktivitäten

P450 Aktivitäten wurden mit dem Cocktail-Assay in Lebermikrosomen oder im Mediumsüberstand von primären Hepatozyten ($0,4 \times 10^6$ Zellen in einem Well einer 12 Lochplatte) bestimmt. Der Cocktail-Assay besteht aus einem spezifischen Substrat-Mix für die sieben Enzyme CYP1A2, 2B6, 2C8, 2C9, 2C19, 2D6 und 3A4 (s. Tabelle 13).

Tabelle 13: Stammlösungen, Lösungsmittel und Konzentrationen der Substrate des Cocktail-Assays

P450	Substrat	Molmasse [g/mol]	Konz. Stock [mM]	Lösungsmittel	Konz. im Experiment [µM]
CYP1A2	Phenacetin	179,2	100	DMSO	50
CYP2B6	Bupropion	256	50	H_2O	5
CYP2C8	Amodiaquin (Dihydrochlorid-dihydrat)	464,8	10	H_2O	5
CYP2C9	Tolbutamid	270,1	100	ACN	100
CYP2C19	S-Mephenytoin	218,1	100	ACN	100
CYP2D6	Propafenon-HCl	377,9	10	MeOH	5
CYP3A4	Atorvastatin (½ Calcium Salz)	558,6	5	ACN/H_2O	35

4.2.1.2 Stammlösungen und Kalibrierproben
Für die verschiedenen Substrate des Cocktail-Assays wurden Stammlösungen in unterschiedlichen Lösungsmitteln und entsprechend ihrer späteren Verwendung in verschiedenen Konzentrationen angesetzt. Diese Stocklösungen wurden so hergestellt, dass sie für den Versuch mit den Hepatozyten bis auf Atorvastatin 1:1000-1:2000 in Hepatozytenmedium verdünnt werden konnten und die Lösungsmittelkonzentration 1 % nicht überstieg. Die Tabelle 13 gibt die Konzentrationen der Substratstammlösungen, die verwendeten Lösungsmittel und die eingesetzten Konzentrationen im Experiment an. In Tabelle 14 sind die einzelnen Stocklösungen für die Eichgerade und die internen Standards aufgelistet.
Alle Stammlösungen wurden bei -20 °C gelagert.

Tabelle 14: Stammlösungen der Metabolite und der internen Standards für den Cocktail-Assay. Angegeben sind Konzentration, Molmasse und Lösungsmittel für die einzelnen Substanzen.

Metabolit	Interner standard (I.S.)	Konz. Stock Metabolit/ I.S. [mM]	Molmasse Metabolit / I.S. [g/mol]	Lösungsmittel Metabolit / I.S.
Acetaminophen	[^{2}H$_4$] Acetaminophen	10 / 10	151 / 155	H$_2$O
Hydroxybupropion-HCl	[^{2}H$_3$] Hydroxybupropion-HCl	10 / 10	292 / 295	H$_2$O
N-Desethylamodiaquin	[^{2}H$_5$] N-Desethylamodiaquin	10 / 10	328 / 333	MeOH
Hydroxytolbutamid	[^{2}H$_9$] Hydroxytolbutamid	10 / 10	287 / 296	MeOH
4-Hydroxymephenytoin	[^{2}H$_3$] 4-Hydroxymephenytoin	10 / ~4,78	234 / 237	MeOH
5-Hydroxypropafenon-HCl	[^{2}H$_7$] 5-Hydroxypropafenon-HCl	10 / 5	394 / 401	MeOH/H$_2$O
o-Hydroxyatorvastatin (2 H$_2$O Na)	[^{2}H$_5$] o-Hydroxyatorvastatin (Phenyl 2Na)	1,58 / 1,60	633 / 624	ACN/H$_2$O

Für jeden Analyten wurde mit Hilfe des entsprechenden internen Standards eine Eichgerade aus der CYP-Mix Stocklösung erstellt. Für die quantitative Auswertung wurden Eichpunkte von 5 µM bis 0,005 µM (s. Tabelle 15, Tabelle 17) benutzt. Die Konzentration des internen Standards [^{2}H$_5$] o-Hydroxyatorvastatin betrug 0,5 µM, die für alle anderen Substanzen 2,5 µM (s. Tabelle 18).

Die Eichpunkte wurden entsprechend den Proben, in 50 µl Hepatozytenmedium (Hepatozyten) oder in 100 µl 0,1 M Natriumphosphatpuffer (Mikrosomen), angesetzt. Ameisensäure und interner Standard wurde in den gleichen Mengen wie den Proben zugefügt.

Die Eichpunkte wurden immer am selben Tag und mit demselben internen Standard wie die Proben angesetzt. Wenn Hepatozytenproben einer Charge über mehrere Tage gemessen wurden, wurde der Zellkulturüberstand mit der Ameisensäure, aber ohne den internen Standard, bei -20 °C eingefroren. Dieser wurde dann zum Zeitpunkt der Kalibrierprobenerstellung zugegeben.

Es wurden 10 Eichpunkt- und drei Qualitätskontrolllösungen mit folgenden Konzentrationen alle 4 Wochen erneut aus einem 100 µM CYP-Mix Eichpunkt 11 Stocklösung (Tabelle 15, 100 µM Stock in ACN/Wasser (50/50) mit allen Metaboliten) hergestellt. Jede Kalibrierlösung wurde aus der vorhergehenden durch Verdünnung mit ACN/Wasser generiert. Diese wurden dann zur Eichpunkterstellung 1:10 eingesetzt (s. Tabelle 16).

4. Material und Methoden

Tabelle 15: Herstellung des Eichpunktes 11 (100 µM) CYP-Mix als Ausgangslösung für die Erstellung der einzelnen Eichpunktstammlösungen. Die Stocklösungen mit Konzentrationen und Lösungsmittel sind in Tabelle 14 angegeben.

Metabolit	Konz. Stock [µM] EP 11	µl- Angabe für 0,5 ml Stock EP 11 (100 µM)
Acetaminophen	100	5
Hydroxybupropion	100	5
N-Desethylamodiaquin	100	5
Hydroxytolbutamid	100	5
4-Hydroxymephenytoin	100	5
5-Hydroxypropafenon	100	5
o-Hydroxyatorvastatin	100	31,63
ACN/Wasser (50/50)	-	438,37

Tabelle 16: Eichpunkte und Qualitätskontrollen

Eichpunkt	Konz. Stock [µM]	Konz. Eichpunkt [µM]
EP 10	50	5
EP 9	25	2,5
EP 8	10	1
EP 7	5	0,5
EP 6	2,5	0,25
EP 5	1	0,1
EP 4	0,5	0,05
EP 3	0,25	0,025
EP 2	0,1	0,01
EP 1	0,05	0,005

Qualitätskontrolle	Konz. Stock [µM]	Konz. Eichpunkt [µM]
QC 3	40	4
QC 2	2,5	0,25
QC 1	0,1	0,01

Tabelle 17: Zusammensetzung Eichpunktlösungen für die Kalibriergerade im Hepatozyten- (50 µl) oder Mikrosomenexperiment (100 µl). Ameisensäure und interner Standard werden anschließend zugegeben.

	Hepatozytenexperiment	Mikrosomenexperiment
Hepatozytenmedium oder 0,1 M Natriumphosphatpuffer	45 µl -	- 75 µl
Eichpunkt Stock	5 µl	10 µl
denaturierte Mikrosomen	-	5 µl
NADPH reg. System	-	10 µl
250 mM Ameisensäure	5 µl	10 µl
Interner Standard	5 µl	10 µl

Tabelle 18: Zusammensetzung des internen Standards:

Substanz	Konz. Metabolit-Mix Stock [µM]	Konz. in der Probe [µM]
d4-Acetaminophen	25	2,5
d3-Hydroxybupropion-HCl	25	2,5
d5-N-Desethyl Amodiaquin	25	2,5
d9-4-OH-Tolbutamid	25	2,5
d3-4-OH-Mephenytoin	25	2,5
d7-5-OH-Propafenon	25	2,5
d5-o-OH-Ataovastatin (phenyl 2Na)	5	0,5

4.2.1.3 Auswertung analytischer Messungen

Die Kalibrierkurven wurden mit interner Standardkalibrierung mittels linearer Regressionsanalyse und der Wichtung ($1/x^2$) des Peakflächenverhältnisses interner Standard zu Analyt erstellt. Die Peakfläche ist proportional zur Stoffmenge.
Für die Kalibriergeraden wurden 10 Eichwerte im Bereich von 0,005 µM bis 5 µM verwendet. Zur Validierung der Messung wurden jeweils drei Qualitätskontrollen (4 µM, 0,25 µM, 0,01 µM) benutzt.
Für die Messwerte der Eichpunkte und Qualitätskontrollen wurden maximal 20 % Abweichung vom jeweiligen Referenzwert zugelassen.

Die Quantifizierung der Proben erfolgte mittels linearer Regressionsanalyse. Zur Berechnung wurde die Software »Quantitative Analysis for QQQ« von Agilent Technologies verwendet.
Alle angegebenen Messwerte sind Konzentrationsangaben in µM und unabhängig vom Volumen der injizierten Probe.

4.2.1.4 LC-MS/MS Parameter

Detektions-Bedingungen: HPLC mit Tandem Massenspektrometer

Gerät:	Agilent 1200 HPLC mit Entgaser (G1316B), Binäre Pumpe (G1312B), Säulenschaltung und Autosampler (G1367D)
Säule:	Strategy 5 Pro Column, 100 x 2,1 mm, Interchim
Vorsäule:	Strategy 5, Interchim
Säulentemperatur:	30 °C
Fließmittel:	Gemisch aus 10 mM Ammoniumacetat mit 1 % Ameisensäure und 100 % igem ACN

4. Material und Methoden

Tabelle 19: HPLC Bedingungen

Gradient:

Zeit (min)	10 mM NH$_4$Ac + 1 % CH$_2$O$_2$	ACN [%]	Flussrate [ml/min]
0	88	12	0,4
3	80	20	0,4
8	45	55	0,4
9	5	95	0,4
11	5	95	0,4
14,5	88	12	0,4

Detektor: Agilent 6460 Triple Quadrupol Massenspektrometer mit LC-Kopplung und Elektrospray Ionisation (ESI) im Positiv-Mode
Kapillarspannung: 3500 V
Drying-Gas: Stickstoff mit 10 l/min Gasfluss
Gastemperatur: 325 °C
Vernebelungsdruck: 20 psi
Sprühgas (shealth gas): Stickstoff mit 11 l/min
Gastemperatur: 350 °C

Messmodus: Multiple Reaction Monitoring Mode (MRM)
Transition, Dwell-time, Fragmentor-Spannung und Kollisionsenergie sind in Tabelle 20 zusammengefasst.

Tabelle 20: MRM Transitions und MS Parameter für die Metabolite und ihre internen Standards in der LC-MS-MS Methode

Analyt	Interner standard	MRM Transition des Analyten	MRM Transition des internen Standards	Dwell time (ms)	Fragmentor (V)	Collision energy (V)
N-Desethylamodiaquin	[^{2}H$_5$] N-Desethylamodiaquin	m/z 328 > 283	m/z 333 > 283	100	113	14
Acetaminophen	[^{2}H$_4$] Acetaminophen	m/z 152 > 110	m/z 156 > 114	100	96	14
Hydroxybupropion	[^{2}H$_3$] Hydroxybupropion	m/z 256 > 238	m/z 259 > 241	100	76	10
4-Hydroxymephenytoin	[^{2}H$_3$] 4-Hydroxymephenytoin	m/z 235 > 150	m/z 238 > 150	100	102	14
5-Hydroxypropafenon	[^{2}H$_7$] 5-Hydroxypropafenon	m/z 358 > 116	m/z 365 > 123	50	141	18
Hydroxytolbutamid	[^{2}H$_9$] Hydroxytolbutamid	m/z 287 > 89	m/z 296 > 89	100	96	42
o-Hydroxyatorvastatin	[^{2}H$_5$] o-Hydroxyatorvastatin	m/z 575 > 440	m/z 580 > 445	200	156	18

4.2.1.5 Nachweis der POR Aktivität mittels „Cytochrom c Reduktase Assay"

Nachdem die Proben mittels mechnischem Aufschluss (2x10 s Level 6 im FastPrep-Homogenisator) aufgearbeitet wurden, wurde die Aktivität der POR mit dem »Cytochrom c Reduktase Assay« bestimmt.

Mit diesem kolorimetrischen Assay wird die Reduktion von Cytochrom c mit Hilfe von NADPH durch POR (statt der Cytochrom c Oxidase) ermittelt. Die Reduktion resultiert in einem deutlichen Absorptionspeak bei 550 nm, der mit der Zeit zunimmt. Die Aktivität von POR wird somit durch die Absorptionszunahme, ausgelöst durch die vermehrte Cytochrom c Reduktion, bestimmt.

Für den Assay wurden für Zelllinien und für die humanen Hepatozytenproben die geeignete Proteinmenge festgelegt, bei der sich die Enzymaktivität im linearen Bereich befindet (z.B. HepG2 20-400 µg, Hepatozyten 20-60 µg). Dann wurden für die folgenden Versuche immer die gleiche Menge an Protein eingesetzt (HepG2 60 µg und Hepatozyten 50 µg) und die Aktivität photometrisch gemessen.

Die eingesetzte Proteinmenge wurde in 0,3 M Natriumphosphatpuffer pH 7,7 verdünnt und auf 25 °C temperiert. Das Substrat Cytochrom c wurde in 4 mM, NADPH in 10 mM Millipore-Wasser gelöst und bis zur Verwendung auf Eis aufbewahrt. Beiden Lösungen wurden an jedem Versuchstag frisch angesetzt.

4. Material und Methoden

Photometrie:
Der Ansatz bestand aus 1 ml Volumen mit 0,3 M Natriumphosphatpuffer, 10 µl Cytochrom c und der gewünschten Menge Protein. Anschließend wurde die Lösung im Wasserbad auf 25 °C temperiert und in eine Küvette überführt. Zuerst wurde ein Leerwert bei 550 nm aufgenommen, dann die Reaktion durch Zugabe von 10 µl NADPH gestartet und sogleich die Absorptionszunahme über einen Zeitraum von 60 sek gemessen.
Die Berechnung der Aktiviät erfolgte nach folgender Formel:

$$\text{Volumen-Aktivität}\left(\frac{\text{Units}}{\text{ml}}\right) = \frac{\text{Absorptionszunahme} \times \text{Verdünnungsfaktor}}{\text{min} \times \varepsilon}$$

$$\text{spezifische Aktivität}\left(\frac{\text{Units}}{\text{mg}}\right) = \frac{\text{Volumen-Aktivität}\left(\frac{\text{Units}}{\text{ml}}\right)}{\text{Proteinkonz.}\left(\frac{\text{mg}}{\text{ml}}\right)}$$

ε (550 nm) = 21 mM^{-1}* cm^{-1}
ε: Extinktionskoeffizient für reduziertes Cytochrom c bei 550 nm
d (Schichtdicke der Küvette) = 1 cm

4.2.2 Zellbiologische Methoden

4.2.2.1 Verwendete Zelllinien und Kultivierung

HepG2:
Diese immortalisierte menschliche Hepatoma-Zelllinie hat ihren Ursprung aus einem zellulären Leberkarzinom eines männlichen Kaukasiers. Sie wird insbesondere wegen ihrer Eigenschaft, spezifische Leberproteine zu exprimieren, oft benutzt. Ihre Verdopplungszeit beträgt zwischen 50-60 Stunden (www.hydrotox.de). Die Zelllinie stammt von der Firma ATCC.
HepG2 Zellen wurden in Kultur gehalten, transfiziert und auf RNA- und Proteinebene (WB und Aktivität) bezüglich der Gene P450 Oxidoreduktase (POR) und CYP3A4 analysiert.

HepaRG:
Diese humane Hepatoma-Zelllinie wurde von der Firma Biopredic International aus Rennes, Frankreich vertrieben und zeigt nach in vitro Differenzierung eine Morphologie ähnlich der von primären Hepatozyten. Außerdem ist sie zu metabolischen Funktionen der Phase I und II Enzyme sowie der Expression einiger leberspezifischer Transporter fähig (Le Vee et al., 2006). Im Weiteren ist die Induktion Arzneimittel metabolisierender Enzyme durch »Standardinduktoren« möglich (Aninat et al., 2006; Le Vee et al., 2007).
Drei Chargen HepaRG Zellen wurden in Kooperation von der Firma Biopredic International zur Verfügung gestellt, um diese hinsichtlich der P450 Enzyme zu charakterisieren und Knock-Down Experimente durchführen zu können.

293FT:
Diese humane embryonale Nierenzelllinie, stammt von der 293F Zelllinie ab und ist durch das »SV40 large T-Antigen« modifiziert, welches die DNA-Replikation von episomalen Plasmiden mit dem »SV40 origin of replication« ermöglicht. Daher eignet sich diese Zelllinie als Host zur Produktion von lentiviralen Partikeln in Kombination mit dem sogenannten ViraPower Packaging-Mix (3 Verpackungsplasmide) der Firma Invitrogen. Der Zusatz F steht für »fast growing« der Zelllinie.
Da das SV40 large T-Antigen vom pCMVSPORT6TAg.neo Vektor exprimiert wird, müssen die Zellen aufgrund der Neomycin-Resistenz auf diesem zur Selektion mit Geniticin kultiviert werden.
Die 293FT Zelllinie stammt von Invitrogen (# R700-07) und wird zur Produktion von lentiviralen Partikeln empfohlen.

4. Material und Methoden

HT1080:
HT1080-Zellen sind humane Fibrosarkomzellen, die von der Arbeitsgruppe Aulitzky (IKP) zur Verfügung gestellt und für die Titerbestimmung der Viruspartikel verwendet wurden.
Ihre Populations-Verdopplungszeit beträgt 26 h (Rasheed et al., 1974).

Alle vier verwendeten Zelllinien sind adhärent wachsende Zellen.

Kultivierung der Zelllinien
Die Zelllinien wurden im Regelfall in 75 cm^2 Zellkulturflaschen bei 37 °C und 5 % C-O$_2$ im Brutschrank kultiviert. Für die HepG2 Zellen wurde DMEM Medium mit FCS (10%), Penicillin/Streptomycin (1 %) und Pyruvat (1 mM) verwendet. Für die Kultivierung der 293FT und HT1080 Zelllinie wurde das Medium noch mit 2 mM L-Glutamin und 0,1 mM »non-essential« Aminosäuren angereichert.
Den 293FT Zellen wurde beim Kultivieren, nicht jedoch bei der Virusproduktion, zur Selektion des pCMVSPORT6TAg.neo Plasmids (zur Expression des »large T-Antigens«) 500 µg/ml Geneticin (G-418) zugegeben.
Die Zellen wachsen adhärent und wurden zweimal pro Woche bei Erreichen der Konfluenz passagiert. Die Zelllinien HepG2 wurden in der Regel 1:10, die 293FT und HT1080 Zellen 1:20 passagiert.
Wenn die Zellen transfiziert werden sollten, wurde am Tag vorher mit der Thoma Zählkammer die genaue Zellzahl bestimmt, um die gewünschte Zelldichte aussäen zu können. Die optimierte Zelldichte wurde als 2x10^4 Zellen/cm^2 bestimmt. Für die Transfektion in der 24 Well Platte wurden die Zellen in 0,5 ml Volumen, in der 6 Well Platte mit 2 ml Volumen ausgesät. Unmittelbar vor der Transfektion wurde ein Mediumwechsel durchgeführt.

Die HepaRG Zellen wurden nach einem genau vorgeschriebenen Protokoll der Firma Biopredic International in Williams Medium E mit unbekannten DMSO Konzentrationen kultiviert. Detaillierte Angaben über weitere Medienbestandteile sind nicht bekannt. Die Zellen differenzieren im Allgemeinen innerhalb vier Wochen und können dann für circa weitere vier Wochen ohne zu Passagieren kultiviert und verwendet werden. Die HepaRG Zellen wurden von Biopredic International im 24 Well-Format ausgesät und vorbehandelt, so dass sie nach ca. einer weiteren Woche Inkubation am IKP für Experimente verwendet werden konnten.

4. Material und Methoden

4.2.2.2 Verwendete Zellkulturmedien

HepG2:	DMEM	450 ml
	Fötales Kälberserum	50 ml
	Penicillin	100 U/ml
	Streptomycin	100 µg/ml
	Pyruvat	5 ml

293FT, HT1080:
DMEM, wie für HepG2, plus zusätzlich: L-Glutamin (200 mM)   5 ml
Non-essential amino acids (100x)   5 ml

Zur Selektion des »Large T-Antigens« vom pCMVSPORT6TAg.neo-Vektor, wird den 293FT Zellen, außer bei der Virusproduktion, noch 500 µg/ml Geneticin zugegeben.

HepaRG: vordefinierte Williams Medien E der Firma Biopredic International mit unbekannten Zusätzen und DMSO Konzentrationen

Hepatozyten:
Hepatozytenmedium:	Williams Medium E	450 ml
	Fötales Kälberserum	50 ml
	Penicillin	100 U/ml
	Streptomycin	100 µg/ml
	Glutamin (200 mM)	5 ml
	Insulin	0,032 I.E./ml
	Dexamethason (1 nM)	0,5 µl

Die Medien DMEM und Williams Medium E (s. Hepatozytenmedium) sowie die benutzten Zusätze Penicillin/Streptomycin, Pyruvat, L-Glutamin, Non-essential amino acids wurden von der Firma GIBCO, Invitrogen (Karlsruhe, Deutschland) verwendet. Ebenso die Materialien PBS (phosphate buffered saline) und Trypsin.
DMSO (Dimethylsulfoxid), Dexamethason, Polybrene® und Fötales Kälberserum (FCS) wurden von Sigma-Aldrich (Steinheim, Deutschland) bezogen. Die Insulinlösung wurde von der Firma Aventis, Geneticin (G418 Sulfate) wurde von Calbiochem verwendet.

4. Material und Methoden

4.2.2.3 Magnetbasierte Transfektion (MATra: Magnet Assisted Transfection)

Um den „Silencing-Effekt" der transfizierten siRNA-Oligonukleotide bzw. transduzierten shRNA-Vektoren gut analysieren zu können, sollte eine möglichst hohe Transfektionseffizienz erreicht werden. Um diese zu maximieren, wurden verschiedene Transfektionsmethoden angewandt und optimiert. Um in primären humanen Hepatozyten einen effizienten und chargenunabhängigen Knock-Down erreichen zu können, wurde ein lentivirales System zur Transduktion der gewünschten shRNA Sequenzen im Vergleich zur direkten Transfektion von siRNA Oligonukleotiden etabliert.

Die MATra Transfektionsmethode basiert auf der physikalischen Eigenschaft der Magnetofektion. Hierbei assoziiert die Nukleinsäure mit Nanoeisenpartikeln (MATra-Reagenz), die mit kationischen Molekülen beschichtet sind. Dieser Komplex gelangt durch Unterstützung eines Magnetfeldes, welches durch Einsetzen eines Magnets erzeugt wird, schnell zu den Zielzellen und wird endozytotisch aufgenommen.

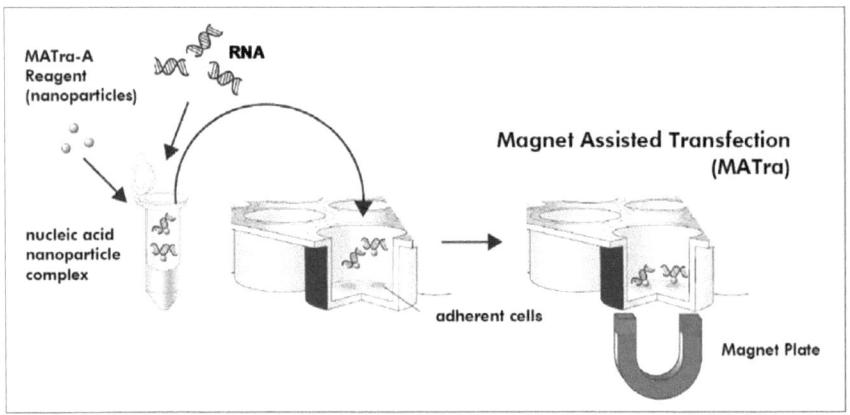

Abbildung 50: Magnetbasierte Transfektion mit dem MATra-Reagenz der Firma IBA

Bei dieser Transfektionsmethode" wurde die siRNA im Kulturmedium, (ohne FCS und weitere Zusätze) verdünnt und dann mit dem MATra-Reagenz für 15 min inkubiert, bevor die Mischung zu den Zellen gegeben wurde. Dieser Komplex wurde vorsichtig im Mediumüberstand 2-3 mal auf- und abpipettiert und für 15 min auf die Magnetplatte gestellt.

Ein Mediumswechsel erfolgte im Allgemeinen erst nach 24 h, da das Transfektionsreagenz vom Hersteller als nicht zytotoxisch beschrieben war.

4. Material und Methoden

Die Transfektion von siRNA Nukleotiden mit der Methode der Magnetofektion, wurde in HepG2 und HepaRG Zellen sowie humanen Hepatozyten angewandt. Die verwendeten Mengenverhältnisse der Reagenzien sind in Tabelle 21 zusammengefasst.

Tabelle 21: Beispiel eines Pipettierschemas für eine MATra-Transfektion in einer 24 Well Patte mit einer siRNA-Menge von 0,6 µg.

Gesamt-siRNA Konz. [nM]	ratio MATra [µl] : siRNA [µg]	siRNA [µg]	Volumen 20 µM siRNA Stammlsg. [µl]	Gesamt-volumen verdünnter RNA [µl]	MATra-Reagenz [µl]	Medium-volumen auf Zellen [µl]	Gesamt-volumen [µl]
73	1:1	0,6	2	50	0,6	500	550

4.2.2.4 Infektion humaner Hepatozyten mit Lentiviren

Als Alternative zur direkten Transfektion von siRNA-Oligonukleotiden wurden unterschiedliche lentivirale Partikel (zum Knock-Down verschiedener Gene) zur Infektion von humanen Hepatozyten hergestellt. Der Virus trug dabei die Information zur Expression einer gewünschten shRNA, die dann auch ins Hepatozytengenom integriert. Die Virusexperimente wurden in der Regel im 12 Well Format durchgeführt.
Um eine bessere Infektionsrate zu erzielen, wurde das Mediumvolumen auf 500 µl pro Well reduziert und den Zellen unmittelbar vor der Infektion 6 µg/ml Polybren hinzugefügt. Die viralen Partikel wurden entsprechend der verwendeten MOI (multiplicity of infection) in den Mediumsüberstand zugegeben. Nach 24-72 h erfolgte ein Mediumswechsel, wodurch die restlichen Viruspartikel aus dem Überstand entfernt wurden und anschließend die Zellen erneut mit 1 ml Hepatozytenmedium überschichtet wurden.
3 bis 7 Tage nach der Infektion wurden die Zellen geerntet, P450 Aktivitäten bestimmt und mRNA isoliert.

4.2.2.5 Bestimmung der Transfektions- und Transduktionseffizienz mittels FACS Analyse (Fluorescence Activated Cell Sorting)

Um die Effizienz der Transfektion festzustellen, wurden jeweils Zellen mit einer Fluorescein markierten »Non-silencing« siRNA (AllStars Negativkontrolle) transfiziert. Die Zellen, die das Oligonukleotid aufgenommen haben, emittieren bei Anregung im blauen Wellenlängenbereich grünes Licht. Dieses lässt sich mit dem FACS pro Zelle genau messen. Somit lässt sich die Effizienz der Transfektion, d.h. den Anteil an transfizierten im Vergleich zu nicht transfizierten Zellen, bestimmen.

4. Material und Methoden

Ca. 4-8 Stunden nach der Transfektion wurden diese Zellen geerntet und zur Messung im FACS vorbereitet. Die Aufarbeitung wurde, soweit es möglich war, im Halbdunkeln durchgeführt, da der Fluoreszenzfarbstoff unter Beleuchtung schnell inaktiviert wird. Zuerst wurden die Zellen zweimal mit PBS gewaschen, um nicht aufgenommene Nukleinsäuren zu entfernen. Danach wurden die Zellen mit Trypsin abgelöst und nach FCS haltiger DMEM Mediumszugabe in ein 1,5 ml Eppendorfgefäß überführt und bei 1200 rpm für 3 min abzentrifugiert. Anschließend wurde der Zellüberstand verworfen und das Pellet einmal in PBS gewaschen und dann in 600 µl PBS resuspendiert. Diese Zellsuspension wurde im FACS analysiert.

Um die Infektionseffizienz davon viralen Partikeln bestimmen zu können, wurden die Zellen 3-7 Tage nach der Infektion mit Trypsin aus dem Well abgelöst und in gleicher Weise wie die mit siRNA transfizierten Zellen für die FACS-Messung vorbereitet.

Nicht transfizierte oder infizierte Zellen wurden ohne mögliche Fluoreszenz-Emmission als »Negativkontrolle« für die FACS-Analyse verwendet.

4.2.2.6 Bestimmung der P450 Enzymaktivitäten mittels Cocktail-Assay in primären Hepatozyten und Lebermikrosomenpool

Enzymaktivitäten für die CYPs 1A2, 2B6, 2C8, 2C9, 2C19, 2D6 und 3A4 wurden mit einem Mix aus verschiedenen spezifischen Substraten für die entsprechenden Enzyme durch Quantifizierung der gebildeten Metabolite, mittels LC-MS/MS bestimmt.

<u>Hepatozyten</u>

Die humanen Hepatozyten wurden mit diesem Substratmix und Hepatozytenmedium inkubiert und die Metabolitbildung im Überstand mittels Massenspektrometrie quantifiziert. Nach Optimierung der Substratkonzentrationen, Inkubationszeit und Nachweisgrenze wurden die Aktivitäten der primären Hepatozyten bei einer Zellzahl von $0,4 \times 10^6$ Zellen pro Well einer 12 Lochplatte und 180 min gemessen. Die optimierten Substratkonzentrationen sind in Kapitel 4.2.1 angegeben.

Nach der 3 stündigen Hepatozyteninkubation im Brutschrank (37°C, 5% CO_2) wurden je 50 µl Probe aus einem Well entnommen und mit 5 µl 250 mM Ameisensäure und 5 µl internem Standard versetzt. Dieses Gemisch wurde gevortext und 5 min bei 13000 rpm abzentrifugiert. Anschließend wurden davon 50 µl in <u>original</u> Eppendorf-Gläschen mit Inletts und Deckel überführt und bis zur Messung im Kühlschrank (bis 24 h) oder bei -20 °C aufbewahrt. Die Zugabe des internen Standards erfolgte am gleichen Tag wie auch die Eichpunkte angesetzt wurden.

Lebermikrosomen

Lebermikrosomen wurden mit dem Substratmix und Natriumphosphatpuffer inkubiert und die Metabolitbildung im Überstand im Massenspektrometer quantifiziert. Für den verwendeten Mikrosomenpool (4.1.7) wurde eine Zeit- und Proteinlinearität für alle Enzyme bestimmt. Daraus resultierend wurden alle Inkubationen über 15 min mit 50 µg mikrosomalem Protein im 37°C Wasserbad durchgeführt.

Die Mikrosomeninkubationen wurden in insgesamt 100 µl 0,1 M Natriumphosphatpuffer mit 10 µl Substrat-Mix und 10 µl 10x NADPH-regenerierendem System durchgeführt. Nach dreiminütiger Vortemperierung bei 37 °C erfolgte zum Starten der Reaktion die Zugabe des NADPH regenerierenden Systems und die Reaktion wurde nach 15 Minuten mit 10 µl 250 mM Ameisensäure gestoppt und anschließend 10 µl interner Standard zugegeben. Die weitere Behandlung erfolgte entsprechend den Hepatozytenproben.

10x NADPH-regenerierendes System:
40 U/ml Glucose-6-Phosphat-Dehydrogenase
5 mM $NADP^+$
50 mM $MgCl_2$
40 mM Glucose-6-Phosphat
0,1 M Natriumphosphatpuffer pH 7,4

Die Bestimmung der CYP-Aktivitäten wurde wenn möglich immer in Dreifachbestimmung durchgeführt.

Optimierung des Cocktail-Assays in Lebermikrosomen

Der CYP-Mix Cocktail-Assay wurde, bevor er zur Enzymaktivität in Hepatozyten eingesetzt wurde, in Lebermikrosomen etabliert und optimiert.

Es wurden Untersuchungen zur Zeit- und Proteinlinearität, von 5 bis 60 min und von 12,5 bis 100 µg Protein, durchgeführt. Außerdem wurden die Substratkonzentrationen hinsichtlich Detektionslimit und geringster gegenseitiger Substrat-Enzyminhibition optimiert. Dies galt besonders für das Enzym CYP3A4 mit der neuen »Probe-drug« Atorvastatin. Es wurden Einzelinkubationen für jedes Substrat in der entsprechenden Konzentration des Cocktail-Assays angesetzt, die den 100 % Aktivitätswert des jeweiligen Enzyms angeben. Im Ergebnisteil ist in Abbildung 11 ein Vergleich dieser Aktivitäten in der Substrateinzelinkubation und im Cocktail für jedes Enzym gezeigt.

Die optimierten Substratkonzentrationen für den Cocktail-Assay sind in Tabelle 13 angegeben.

4.2.2.7 Induktion humaner Hepatozyten

Für die Induktionsexperimente wurden die Zellen mit verschiedenen HMG-CoA Reduktase Inhibitoren und prototypischen Induktoren (Tabelle 22) für 24 bis 96 Stunden inkubiert. Pravastatin und Phenobarbital Stammlösungen wurden in Wasser angesetzt, alle anderen Stocklösungen in DMSO. Die Inkubationskontrollen wurden entsprechend mit dem Lösungsmittel (finale DMSO Konzentration von 0,1%) oder nur Hepatozytenmedium inkubiert. Ein Mediumwechsel mit Statin- oder Induktorzusatz erfolgte täglich. Nach 24, 48, 72 und 96 h Inkubation wurden P450 Enzymaktivitäten mittels Cocktail-Assay bestimmt und die Zellen aus dem gleichen Well für die Isolierung der mRNA geerntet. Jede Behandlung wurde möglichst in Triplikaten durchgeführt.

Tabelle 22: Stammlösungen der prototypischen Induktoren und HMG-CoA Reduktase Inhibitoren

Substanz	Stock [mM]	Konz. im Experiment [µM]	Lösungsmittel
Phenobarbital	1000	1000	H_2O
Rifampicin	30	30	DMSO
Atorvastatin	30	30	DMSO
Lovastatin	30	30	DMSO
Pravastatin	30	30	H_2O
Rosuvastatin	30	30	DMSO
Simvastatin	30	30	DMSO

4.2.2.8 Produktion lentiviraler Partikel

Um eine reproduzierbarere RNA-Interferenz in primären humanen Hepatozyten hervorrufen und untersuchen zu können, wurden lentivirale Partikel zur Infektion der Zellen mit dem »BLOCK-iT™ Lentiviral RNAi Expression System« von Invitrogen hergestellt. Die Produktion erfolgte bis auf wenige Abweichungen, die hier genannt werden, nach dem Protokoll des Herstellers.

Der Ablauf der Produktion der lentiviralen Partikel ist in Abbildung 51 gezeigt.

4. Material und Methoden

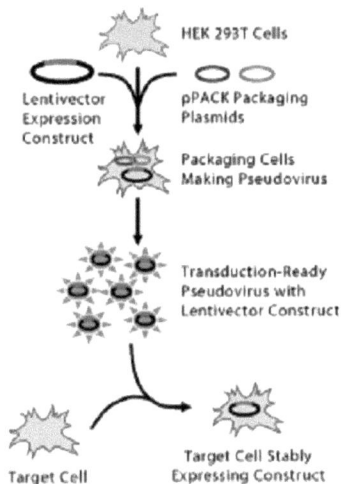

Abbildung 51: Überblick zur allgemeinen Produktion und Einsatz der viralen Partikel.
Die gewünschte shRNA (rot markiert) wird in das lentivirale Expressionsplasmid »eingebaut« und mit dem sogenannten »Packaging Mix« in die Virusproduktions-Zelllinie 293FT transfiziert. Die viralen Partikel werden aus dem Zellkulturüberstand geerntet und können jetzt zur Infektion der Zielzellen verwendet werden. In diesen wird nun durch die Infektion, vom übertragenen Expressionsplasmid, die shRNA exprimiert.

Herstellung des pLenti-Expressionsplasmids

Für jedes Virus (Unterschied nur durch shRNA Sequenz) musste ein neues pLenti-Expressionsplasmid erstellt werden, das für die Produktion der viralen Partikel eingesetzt wurde. Dies erfolgte nach Protokoll des Herstellers Invitrogen mit dem »BLOCK-iT^{TM} U6 RNAi Entry Vector Kit« und den shRNA-Sequenzen aus Tabelle 12 12.
Der in dieser Arbeit verwendete pLenti/Destination-Vektor basiert auf dem pLenti6/Block-iT^{TM}-DEST Gateway®-Vektor von Invitrogen. Allerdings ist er statt der Blasticidin-Resistenz mit EM7- und SV40 Promotor mit einer eGFP-WPRE Expressionskassette und CMV-Promotor ausgestattet. Dieser pLenti/CMV-EGFP-WPRE Vektor (Abbildung 52) wurde freundlicherweise von Dr. Martin Kriebel (NMI, Reutlingen) zur Verfügung gestellt.
Die Einzelstränge der shRNAs wurden hybridisiert und der gewonnene Doppelstrang in den pENTR-Vektor ligiert und in rekombinanten E.coli Stbl3 Zellen transformiert (Abbildung 53 links). Die Plasmidpräparation aus den Bakterien erfolgte anwendungsbedingt mit dem QIAprep® Spin Miniprep Kit (Qiagen) oder dem PureYield^{TM} Plasmid Midiprep System (Pomega).

4. Material und Methoden

Mit dem so hergestellten pENTR™/U6 Entry Konstrukt (beinhaltet die gewünschte shRNA) wurde durch Rekombination mit dem pLenti/Destination-Vektor (hier: pLenti/CMV-EGFP-WPRE) das pLenti/shRNA Plasmid, welches zur Virusproduktion eingesetzt wird, erhalten. (Abbildung 53 rechts).

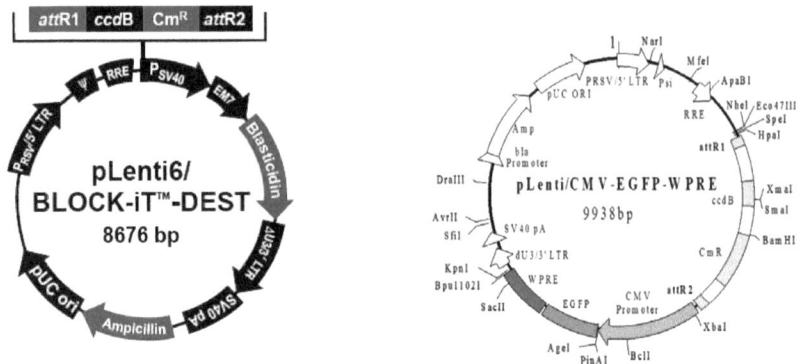

Abbildung 52: Veränderter pLenti/Destination-Vektor.
Der für die Virusproduktion (genauer Rekombination) verwendete pLenti/CMV-EGFP-WPRE Vektor basiert auf dem Ausgangsgangsplasmid pLenti6/Block-iTTM-DEST von der Firma Invitrogen. Hier wurde das Blasticidin-Resistenzgen samt EM7- und SV40 Promoter entfernt und durch die EGFP-WPRE Kassette mit einem CMV Promotor ersetzt.

4. Material und Methoden

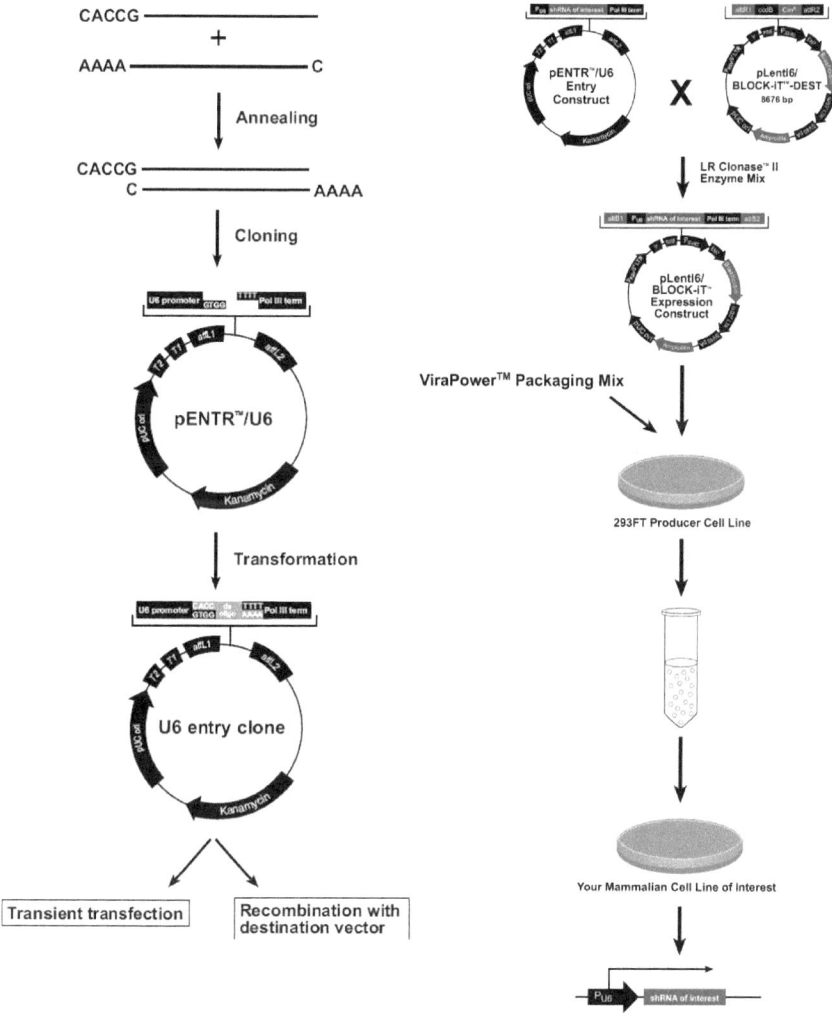

Abbildung 53: links: Ligation der shRNA mit dem pENTR-Vektor und Transformation in E.coli Stabl3. rechts: Virusproduktion und anschließende Expression der shRNA nach Infektion der Zielzellen.
Durch Rekombination des pENTR- mit pLenti-Vektors wurde die gewünschte shRNA aus dem pENTR- in den pLenti-Vektor übertragen. Das entstandene pLenti-Expressionsplasmid wurde zusammen mit dem ViraPowerTM Packaging Mix in die 293FT Virus-Produktionszelllinie transfiziert. Die viralen Partikel wurden nach 48-120 h aus dem Zellkulturüberstand geerntet und konnten zur Infektion der Zielzellen verwendet werden. Bildquelle: Invitrogen

4. Material und Methoden

pLenti-Mock Expressionsplasmid

Für die Herstellung der lentiviralen »Mock-Kontrolle« wurde aus dem pLenti-Expressionsplasmid mit der shRNA DF9 die shRNA herausgeschnitten, um das neue Expressionslasmid pLenti/Mock herzustellen. Da dieser sogenannte Mock-Kontrollvektor das gleiche pLenti-Expressionsplasmid, nur ohne shRNA enthält, wird er deswegen auch Leervektor genannt.
Der Vektor pLenti/DF9 wurde mit den Restriktionsendonukleasen HpaI und MScI (beide sogenannte »blunt end« Enzyme) geschnitten und die resultierenden DNA-Fragmente mit der Länge von 7547 bp und 532 bp in einem Agarosegel aufgetrennt. Das gewünschte 7547 bp lange Fragment wurde dann aus dem Gel aufgereinigt, die beiden Enden ligiert und über einen weiteren Kontrollverdau überprüft. Dieser pLenti/Mock Vektor wurde von Maria Thomas (IKP) hergestellt und zur Verfügung gestellt.

Virusproduktion in der Zelllinie 293FT

Die Virusproduktion erfolgte für jedes Konstrukt in zwei T-175 Zellkulturflaschen (175 cm^2 Fläche) mit je $1,8 \times 10^7$ Zellen und 30 ml Kulturmedium. Alle folgenden Angaben beziehen sich immer auf eine T-175 Flasche.
Die 293FT-Zellen wurden in Suspension mit 120 μl Metafecten PRO (anstelle von Lipofektamin 2000), 18 μg pLenti-Plasmid DNA und 25 μg Packaging Mix bestehend aus den Plasmiden pLP1, pLP2 und pLP/VSVG transfiziert. Das kommerziell erhältliche Packaging Plasmid Mix wurde von Dr. Martin Kriebel (NMI, Reutlingen) separiert und in einem optimierten Verhältnis gemischt und uns ebenfalls zur Verfügung gestellt. Die einzelnen Plasmide wurden auf eine Konzentration von 100 ng/μl eingestellt und im molaren Verhältnis 1:1:1 gemischt (25 μg: 117,75 μl pLP1, 55,25 μl pLP1, 77 μl pLP/VSVG)

Die Details der Transfektion liefen wie folgt ab:
Die pLenti-Plasmid DNA wurde zusammen mit den Packaging Plasmiden und 4,5 ml DMEM (ohne Zusätze) für 5 min inkubiert. Parallel dazu wurde das Metafectene PRO auch in 4,5 ml DMEM (ohne Zusätze) verdünnt. Anschließend wurden beide Ansätze zusammen gegeben und für weitere 20 min inkubiert. Dieser Transfektionsansatz wurde dann in die T-175 Flasche gegeben und als Letztes die Zellen dazu gegeben und für die folgenden 48 h bei 37°C und 5% CO_2 kultiviert.
Durch die Expression des eGFP-Proteins vom pLenti-Expressionsplasmid ließ sich die Transfektionseffizienz der 293FT Zellen optisch sehr gut erkennen. Bereits nach 24 Stunden fluoreszierten schon die meisten der Zellen grün (Abbildung 54).

4. Material und Methoden

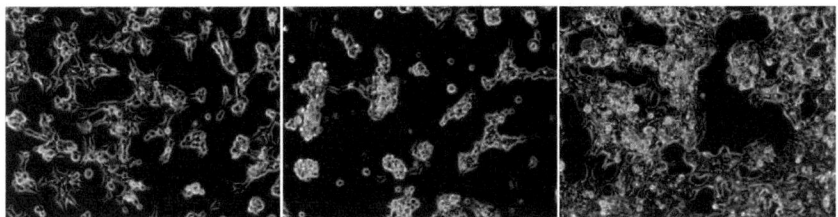

Abbildung 54: Mit dem »Packaging-Mix« und pLenti-Expressionsplasmid transfizierte 293FT Zellen nach 24, 48 und 120 Stunden.
Die eGFP-Expression des pLenti-Konstruktes bestätigt die positive Transfektion der Zellen.

Nach 48 Stunden wurde erstmals der 30 ml Zellkulturüberstand mit den viralen Partikeln geerntet. Um Zelltrümmer von der Suspension abzutrennen wurde diese bei 4°C mit 4300 rpm für 5 min zentrifugiert, anschließend filtriert (0,45 µm PVDF) und bei -80°C in einem 50 ml Falcon eingefroren. Die 293FT Zellen wurden mit 30 ml frischem Medium nochmals drei Tage weiterkultiviert. Am Tag 5 nach der Transfektion erfolgte in gleicher Weise wie nach 48 Stunden die zweite Ernte der viralen Partikel.
Die viralen Zellkulturüberstände wurden aufgetaut und mit Polyethylenglykol (5 x PEG-it^{TM}) bei 4°C im Kühlschrank über Nacht aufkonzentriert. Am nächsten Tag wurde nach 30 minütiger Zentrifugation bei 4°C das Viruspellet (von 30 ml Virussuspension) in 50 µl 1% PBS/BSA Lösung resuspendiert und bei -80°C bis zur Infektion der Zielzellen gelagert.
Da pro Konstrukt immer zwei T-175 Flaschen für die Virusproduktion verwendet wurden, wurden die Transfektionsansätze als Master Mix vorbereitet. Ebenso wurden die resuspendierten Viruspellets eines Konstrukts vereinigt und als 50 µl Aliquot gelagert. Zur Bestimmung des Titers der Viruscharge wurde zusätzlich je ein Aliquot von 5 µl eingefroren.

4.2.2.9 Bestimmung des Virustiters in HT-1080 Zellen

Um die Produktion bzw. die Effizienz und auch die Konzentration der Viruschargen zu überprüfen, wurde der Virustiter in der adhärent wachsenden HT-1080 Zelllinie bestimmt. Der Titer gibt die Konzentration der infektiösen Partikel in TU (transfection unit) pro ml an und ist unerlässlich, um die Zielzellen mit einer definierten MOI (multiplicity of infection) infizieren zu können. Die »multiplicity of infection« definiert, wie viele infektiöse Partikel pro Zelle zur Infektion eingesetzt werden. Bei einer MOI von 10, werden 10 mal so viele virale Partikel wie Zellen für die Infektion verwendet.
Die HT-1080 Zellen wurden mindestens 2 h vor der Infektion zum Adhärieren mit einer Zelldichte von 3×10^4 Zellen pro Well einer 12-Lochplatte ausgesät. Unmittelbar

4. Material und Methoden

vor der Infektion wurde ein Mediumswechsel mit 500 µl durchgeführt und 6 µg/ml Polybren zugegeben. Es wurden jeweils zwei Wells mit 1 µl und 2,5 µl Virussuspension infiziert und nach 3 Tagen der Titer bestimmt. In jedem Well wurden die infizierten, grün fluoreszierenden Zellen mit dem Mikroskop in vier 600000 µm² großen Rechtecken fotografiert, ausgezählt und der Titer mit folgender Formel in TU/ml berechnet.

$$\frac{TU}{ml} = \text{Mittelwert (grün fluoreszierender Zellen)} \times \frac{380000000 \mu m^2}{600000 \mu m^2} \times \frac{1000 \mu l}{2,5 \mu l}$$

TU: transfection unit
380000000 µm²: Fläche eines Wells einer 12 Lochplatte
600000 µm²: Größe der ausgezählten Fläche
2,5 µl: eingesetzte Virusmenge

Außerdem wurde für einige Viruschargen der Titer zusätzlich mit dem FACS quantifiziert. Dazu wurden die Zellen mit Trypsin abgelöst, gezählt und in 600 µl PBS aufgenommen. 8000 Zellen wurden mit dem FACS gezählt und die Anzahl der grün fluoreszierenden Zellen bestimmt. Der Titer wurde mit der folgenden Formel berechnet.

$$\frac{TU}{ml} = \text{Anzahl grüne Zellen} \times \frac{\text{Zellzahl pro Well}}{8000 \text{ Zellen FACS}} \times \frac{1000 \mu l}{2,5 \mu l}$$

4.2.3 Molekularbiologische Methoden

4.2.3.1 RNA Isolierung und Aufreinigung

Die Zellen wurden zum angegebenen Zeitpunkt, nach einmaligem Waschen mit PBS, direkt in der Lochplatte mit dem für die RNA-Isolierung benötigten RLT-Puffer geerntet.
Zur Präparation der RNA wurden Materialien und Anleitung (Protokoll für Säugetierzellen) des RNeasy Mini Kits der Firma Qiagen benutzt. Eine DNase-Behandlung erfolgte nach Protokoll für 15 min auf der Säule. Am Schluß wurde die RNA mit 35 µl RNase freiem Wasser eluiert.

Die Qualität und Konzentration der RNA wurde anschließend mit dem RNA-6000-Nano LabChipKit am Agilent-2100-Bioanalyser gemäß Protokoll bestimmt. Diese Methode basiert auf dem Prinzip der Kapillarelektrophorese und ermöglicht eine automatische, parallele Bestimmung von zwölf RNA-Proben hinsichtlich ihrer Größenverteilung und Konzentration in einem Nanochip.

Über einen Fluoreszenzdetektor werden die gefärbten RNA-Fragmente und deren Größe über die Laufzeiten quantifiziert und im Vergleich zu einem Größenstandard gemessen.

4.2.3.2 Reverse Transkription (cDNA Synthese) und Real time PCR (Taq Man)

Bei der reversen Transkription und anschließender PCR wurde die mRNA-Menge eines Gens analysiert. Da bei der Polymerase-Kettenreaktion (PCR) DNA-Abschnitte amplifiziert werden, musste die vorhandene RNA zuerst mit Hilfe des Enzyms Reverse Transkriptase und einem randomisierten Hexamergemisch in eine komplementäre DNA (cDNA) umgeschrieben werden.

Von der aufgereinigten Gesamt-RNA wurden in der Regel 500 ng/50µl Assay der Firma Applied Biosystems in cDNA umgeschrieben. Der Ansatz bestand aus 19,25 µl mit RNase freiem Wasser verdünnter RNA und 30,75 µl Master-Mix (Tabelle 23)

Diese Gesamt-cDNA konnte dann als Ausgangsprodukt in die PCR eingesetzt werden, um die spezifischen Sequenzen aus dieser zu vervielfältigen. Mit Hilfe der anschließenden Real time PCR (Taq Man PCR) lassen sich die gewünschten Nukleinsäureabschnitte quantifizieren.

Tabelle 23: Zusammensetzung des Master-Mix für die reverse Transkription (Taq Man Reverse Transcription Reagents, Applied Biosystem)

Master-Mix Komponente	Endkonzentration	Menge für 1 Reaktion [µl]
10 x TaqMan RT Buffer	1x	5
MgCl2 (25 mM)	5,5 mM	11
dNTP-Mix	500 µM each	10
Random hexamers	2,5 µM	2,5
RNase Inhibitor	0,4 U/ml	1
Multiscribe RT (50 U/µl) (MuLV Reverse Transcriptase)	1,25 U/µl	1,25
gesamt:		30,75

Das Umschreiben in cDNA erfolgte in einer PCR PTC-200 Maschine von Bio-Rad und durchlief jeweils drei Inkubationsschritte. Zuerst wurden die Proben für 10 min

4. Material und Methoden

bei 25 °C inkubiert, in denen sich Hexamere an das RNA-Template anlagern. Dann erfolgte eine 30 minütige Phase bei 48 °C, in der die Reverse Transkriptase die cDNA-Synthese vornimmt. Diese beginnt an einem Randomhexamerprimer, von dem aus die RNA nach dem Prinzip der komplementären Basenpaarung in cDNA umgeschrieben wird. Zum Schluss wird das Enzym dann durch einen Hitzeschritt bei 95 °C inaktiviert und somit die Reaktion gestoppt. Anschließend wurden die Proben auf 4 °C abgekühlt. Die Proben wurden aliquotiert, um ein mehrfaches Auftauen zu vermeiden und bei -20°C bis zur Analyse gelagert.

Die nun folgende »Real time« oder quantitative PCR (qPCR oder TaqMan PCR) ist eine Vervielfältigungsmethode für Nukleinsäuren, die auf dem Prinzip der herkömmlichen PCR basiert und zusätzlich noch die Möglichkeit der Quantifizierung durch eine Fluoreszenzmessung bietet. Bei der TaqMan PCR setzt man zusätzlich zu den genspezifischen Amplifikationsprimern eine genspezifische Sonde ein, die sich zusammen mit den Primern am Matrizenstrang (3´-5´) anlagert. Diese Sonde ist am 5´- Ende mit einem Reporter-Fluoreszenzfarbstoff (VIC oder FAM) und am 3´- Ende mit dem Quencher-Farbstoff (TAMRA) markiert. Die Fluoreszenz des Reporterfarbstoffes wird vorerst durch die räumliche Nähe zum Quencher unterdrückt. Bei der nun folgenden Gegenstrangsynthese durch die Taq-Polymerase erfolgt durch deren zusätzliche 5´- Exonukleaseaktivität der Abbau der Sonde, wodurch der Reporterfarbstoff (VIC, FAM) frei wird und dessen Fluoreszenz gemessen werden kann (Abbildung 55). Die Zunahme des PCR-Produkts und somit auch der Target-DNA korreliert mit der Zunahme der Fluoreszenz von Zyklus zu Zyklus.

Die zu messenden Proben werden zur Auswertung über die logarithmisch transformierte Fluoreszenzintensität innerhalb der exponentiellen Phase miteinander verglichen und so der relative Expressionslevel zu einer Referenzprobe oder einem Referenzgen des untersuchten Gens bestimmt.

4. Material und Methoden

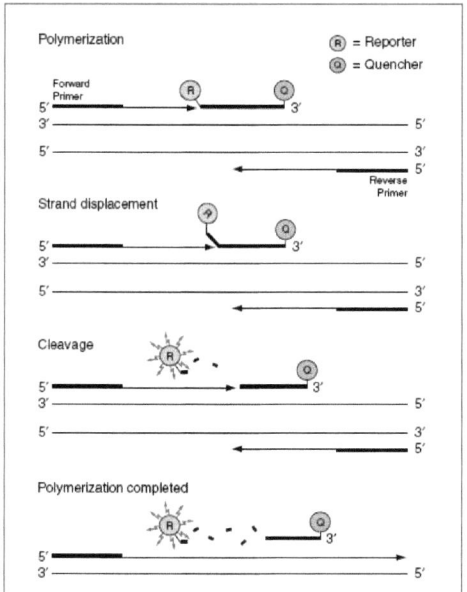

Abbildung 55: Quantifizierung von Nukleinsäuren mit Hilfe der Real time PCR und genspezifischer TaqMan-Sonde von der Firma Applied Biosystems. Während des PCR-Zyklus hybridisiert die Sonde mit dem komplementären DNA-Strang, wobei die Fluoreszenz des Reporter-Farbstoffs (R) vom Quencher (Q) unterdrückt wird. Bei der Gegenstrangsynthese durch die Taq-Polymerase baut diese mit ihrer 5´-3´-Exonukleaseaktivität (Holland et al.,1991) die Sonde ab und der abgespaltene Reporter erzeugt nun ein Fluoreszenzsignal.

4.2.3.3 Relative Quantifizierung der TaqMan PCR

Für die Quantifizierung können Rechenmodelle der absoluten oder relativen Quantifizierung herangezogen werden. Bei der Methode der relativen Quantifizierung wird ein Referenzgen mitgemessen, um einen relativen Mengenvergleich durchführen zu können. Bei der absoluten, weitaus komplizierteren Bestimmung, wird die genaue Anzahl, der in der Probe vorhandenen »Templates« bestimmt.

Relative Quantifizierung: Konzentrationsbestimmung der Proben relativ zu einem »Kalibrator«.
Die Messung für ein Transkriptionsprodukt wurde immer auf ein konstant, weitgehend von äußeren Faktoren unabhängig endogen exprimiertes Gen normiert und relativ zu einem Kalibrator (Kalibrierprobe, hier Negativkontrolle DF9 oder Mock) bezogen. Man bestimmte somit die Transkriptionsmenge des Zielgens relativ zu einer

4. Material und Methoden

Kontrolle- oder Vergleichsprobe. Das endogen exprimierte „Standardgen" wird auch Normalisierungsreferenz („Houskeeping-Gen") genannt. In diesem Fall wurde mit ribosomaler RNA (18S) als interner Kontrolle gearbeitet. Die Berechnung für die relative Quantifizierung erfolgte nach der ΔΔCt-Methode. Hier wird die unterschiedliche Expression (Probe zum Kalibrator z.B. krank / gesund oder DF1 / DF9) als n-fache Expression mit Hilfe des ΔΔCt-Wertes angegeben. Die Ct-Werte werden hierbei einfach voneinander abgezogen.

n-fache Expression Probe / Kalibrator = $2^{-\Delta\Delta Ct}$

ΔΔCt = ΔCt (Probe) - ΔCt (Kalibrator)
ΔCt (Probe) = Ct (zu quantifiz. Gen) - Ct (18S)
ΔCt (Kalibrator) = Ct (zu quantifiz. Gen) - Ct (18S)

Die verwendeten Reagenzien (2x TaqMan-Puffer, Primer- & Probe-Mix) für den Master-Mix stammten von der Firma Applied Biosystems. Es wurde ein konventionell erhältlicher Mix aus Primern und Sonden speziell für die nachzuweisende 18S, PGRMC1, PGRMC2, CYP2C8 und CYP2C9 RNA, benutzt. Für alle anderen gemessenen Targetgene wurden selbst designte Assays mit spezifischen Primern und Sonden eingesetzt (s. Tabelle 24). Die Primer wurden von Metabion, Martinsried, Deutschland, die Probe(s) von Applied Biosystems, Darmstadt, Deutschland bezogen.

Die PCR aller Target- und Zielgene sowie für 18S wurde nach folgendem Programm an der TaqMan PCR 7500 durchgeführt: 1. Schritt: 2 min 50°C, 2. Schritt: 10 min 95°C, 3. Schritt: 15 s bei 95°C und anschließend 1 in bei 60°C. Der 3. Schritt wurde für 40 Zyklen angewandt.

Für das Gen CYP2D6 würde ein leicht verändertes Temperaturprogramm verwendet (im 3. Schritt 92 statt 95°C und 62 statt 60°C).

4. Material und Methoden

Tabelle 24: Primer und Probe Sequenzen für quantitative TaqMan PCR.
Alle Assays wurden im IKP mit der Software Primer Express 2.0 von Applied Biosystems ausgewählt und aufgebaut. Der Assay zur Detektion von eGFP wurde in Geraerts et al., 2006 beschrieben.

Gen		Oligonukleotid Sequenz (5'- 3')	Exon Lokalisierung
CYP1A2			
	Forward primer	CATCCCACAGGAGAAGATTGTCA	3
	Reverse primer	TTCCTCTGTATCTCAGGCTTGGT	4
	Probe: 6-FAM MGB	TGGAGCAGGATTTGAC	3/4
CYP2B6			
	Forward primer	GCTGAACTTGTTCTACCAGACTTTTC	4
	Reverse primer	GAAAGTATTTCAAGAAGCCAGAGAAGAG	5
	Probe: 6-FAM MGB	TGTATTCGGCCAGCTGT	4/5
CYP2C19			
	Forward primer	GACTTTATTGATTGCTTCCTGATCAA	5
	Reverse primer	GCAGTGATTACCAAGTTTTCAATAGTG	6
	Probe: 6-FAM MGB	ATGGAGAAGGAAAAGCAA	5/6
CYP2D6			
	Forward primer	CTCCTGCTCATGATCCTACATCC	6
	Reverse primer	CGGGATGTCATATGGGTCACACC	7
	Probe: VIC MGB	TGATTCATGAGGTGCAG	7
CYP3A4			
	Forward primer	TGTCCTACCATAAGGGCTTTTGTAT	2/3
	Reverse primer	TTCACTAGCACTGTTTTGATCATGTC	4
	Probe: 6-FAM TAMRA	CTTTTATGATGGTCAACAGCCTGTGCTG	4
eGFP			
	Forward primer	GGAGCGCACGATCTTCTTCA	-
	Reverse primer	AGGGTGTCGCCCTCGAA	-
	Probe: 6-FAM-TAMRA	CTACAAGACCCGCGCCGAGGTG	-

Absolute Quantifizierung: Konzentrationsbestimmung der Proben über eine Standardkurve.

Die Effizienz der Vervielfältigung eines Gens läßt sich durch die Verwendung einer Standardkurve aus unterschiedlichen Verdünnungsstufen einer Kontrollprobe bestimmen. Nach der PCR wird die Fluoreszenzmenge bzw. die amplifizierte Menge an Target-DNA als logarithmische Funktion gegen die Vervielfältigungszyklenzahl (Ct-Wert) dargestellt. Dieser Ct-Wert gibt für jede cDNA-Probe an, bei welcher Zyklenzahl in der exponentiellen Phase ein vorher definiertes Fluoreszenzniveau (Standardreihe) erreicht wird. Es besteht eine lineare, umgekehrt proportionale Beziehung zwischen dem Logarithmus der eingesetzten Menge und dem Ct-Wert.

4. Material und Methoden

Durch die Geradengleichung der Standardkurve kann über den Ct-Wert jeder unbekannten Probe deren Konzentration bestimmt werden.
Alle Proben wurden normalisiert, indem die errechneten Konzentrationen des Targetgens durch die des Referenzgens (18S) geteilt wurden.

$$\text{Targetgen (normalisiert)} = \frac{\text{errechnete Konz. Target}}{\text{errechnete Konz. Referenzgen}}$$

Für die Standardreihe wurde RNA aus einem Gemisch von 10 Leberproben gewonnen, wovon 1 µg in cDNA umgeschrieben wurde. Diese Kalibrierprobe 1 wurde anschließend in Verdünnungsschritten von 1:10 mit nukleasefreiem Milliporewasser verdünnt und als Standardreihe verwendet. Als weitere Möglichkeit einer Standardreihe wurde reine Plasmid-cDNA für das zu messende Gen in auch wiederum 7 Konzentrationen verwendet. Für die Gene POR, CYP1A2, CYP2D6 und CYP3A4 wurden Plasmidstandardkurven verwendet, für 18S die Kalibrierproben aus den Leberproben.

Kalibrierprobe 1: 10^0 µg/ 50µl Assay
Kalibrierprobe 2: 10^{-1} µg/ 50µl Assay
Kalibrierprobe 3: 10^{-2} µg/ 50µl Assay
Kalibrierprobe 4: 10^{-3} µg/ 50µl Assay
Kalibrierprobe 5: 10^{-4} µg/ 50µl Assay
Kalibrierprobe 6: 10^{-5} µg/ 50µl Assay
Kalibrierprobe 7: 10^{-6} µg/ 50µl Assay

Für jeden Versuch wurden die Standards zweifach und die Proben einfach auf eine Platte aufgetragen. Jede Messung wurde in zwei identischen PCR-Ansätzen (Doppelbestimmung) durchgeführt. Aus den Ergebnissen wurde jeweils der Mittelwert gebildet.

Für die Messungen der relativen Quantifizierung erfolgte eine Dreifachbestimmung für jede Probe auf der gleichen Messplatte.

4.2.3.4 Aufarbeitung für die Proteinanalyse

Die Zellen wurden zum angegebenen Zeitpunkt, nach einmaligem Waschen mit PBS, im für den Western Blot verwendeten Lysepuffer, mit einem Zellspatel abgekratzt und in ein Eppendorfgefäß überführt. Diese Zellsuspension wurde dann für eine halbe Stunde auf Eis inkubiert und 2 min bei 10000 rpm zentrifugiert. Vom Überstand wurde eine Gesamtproteinbestimmung durchgeführt.

Für die Reduktase Aktivitätsanalyse wurden die Zellen abtrypsiniert und das Zellpellet in 1 ml 0,3 M NaP-Puffer pH 7,3 resuspendiert. Diese Suspension wurde dann in ein FastPrep-Röhrchen mit halber Matrixmenge überführt und mechanisch im FastPrep Homogenisator (Bio 101 Systems, Level 6, 2x10 s) aufgeschlossen und die Zellhomogenisierung im Mikroskop überprüft. Anschließend wurde der Proteingehalt bestimmt.

4.2.3.5 Proteinbestimmung nach Bradford

Zur Quantifizierung des Gesamtproteingehaltes der Proben wurde der Bradford-Assay (BioRad Protein Assay) mit dem Referenzprotein BSA (Rinder-Serum-Albumin) verwendet.

Die Durchführung erfolgte nach dem gegebenen Protokoll des Herstellers BioRad. Die Proteinstandardkurve wurde im Bereich der Konzentrationen von 1,44-7,2 µg/µl erstellt.

4.2.3.6 Nachweis von Proteinen im Western Blot

Für den Nachweis von Proteinen wurden 10%ige, 1,5 mm dicke SDS-Gele mit einer Zusammensetzung wie in Tabelle 25 beschrieben, verwendet.

Tabelle 25: Zusammensetzung des 10%igen SDS-Gels:

	Trenngel [ml]	Sammelgel [ml]
Acryl-/ Bisacrylamid (30:0,8)	10	1,35
Tris 1,5 M pH 8,8 / 0,5 M pH 6,8	7,5	2,5
Aqua bidest	12	6,1
10% SDS	0,3	0,1
TEMED	0,03	0,01
10% APS	0,3	0,1

4. Material und Methoden

Die gewünschte Menge an Gesamtprotein wurde im Verhältnis 1:5 im Probenpuffer (5x Lämmlipuffer) verdünnt, 3 min auf 95°C erhitzt, um die Sekundär- und Tertiärstruktur der Proteine aufzubrechen und dann in die Geltasche gegeben. Um die Größe der zu analysierenden Proteine abschätzen zu können wurde ein Molekulargewichtsstandard (Rainbow 14,3-220 kDa) verwendet.

Die Gelelektrophorese erfolgte in einer vertikalen Elektrophoresekammer (kleines Gel: ca 5,5x9 cm) bei 25 mA über einen Zeitraum von ca. 1,5 Stunden.

Für den Blot wurde nach der Auftrennung der Proteine, das SDS-Polyacrylamidgel, 5 Minuten in Transferpuffer äquilibriert. Anschließend wurden die elektrophoretisch aufgetrennten Proteine durch 10 minütiges Blotten mittels eines elektrischen Feldes (200 mA) auf eine Nitroellulosemembran transferiert. Diese wurde anschließend mit einer 0,1%igen Ponceau-Lösung behandelt, um alle Proteine anzufärben und damit die Qualität des Transfers zu überprüfen. Danach wurden unspezifische Antikörperbindungsstellen in 5%iger Milchpulver/TBS-T-Lösung geblockt.

Die Proteinbanden wurden mit Hilfe spezifischer Antikörper (Tabelle 26) auf der Membran über Immunodetektion visualisiert. Der Nachweis des Sekundärantikörpers erfolgte mittels Infrarot Fluoreszenz Detektion.

Die Nitrozellulosemembran wurde für mindestens 1,5 Stunden mit dem Primärantikörper (1:1000 s.u. in 1% Milchpulverlösung (ß-Actin 5%), TBS/ 0,1% Tween 20) einschweißt und bei Raumtemperatur inkubiert. (Über Nacht Inkubationen erfolgten bei 4 °C.) Nach dreimaligem Waschen à 5 min in TBS-T wurde anschließend die Membran für 45 Minuten bei Lichtausschluss mit dem Sekundärantikörper (1:20000 in 1% Milchpulverlösung, TBS/ 0,1% Tween 20) behandelt. Nach erneutem Waschen (2 mal à 5 min) in TBS-T wurde die Membran dann auf dem Odyssey-Gerät mittels direkter Infrarot-Detektion analysiert und ausgewertet.

Die Primärantikörperlösungen wurden in der Regel zwei bis dreimal verwendet, zwischendurch bei -20 °C gelagert, und dann neu angesetzt. POR, CYP1A2 und CYP3A4 konnten zusammen in einem Primärantikörpergemisch gefärbt werden, genauso ß-Actin und CYP2D6.

Die beiden Sekundärantikörper (anti-Maus, anti-Rabbit) waren unterschiedlich gefärbt und konnten daher sowohl einzeln als auch zusammen für die Detektion eingesetzt werden. Sie wurden vor jeder Anwendung frisch angesetzt.

Monoklonale Primärantikörper war wurden im Odyssey-Gerät durch Verwendung der IRDye680 Sekundärantikörper rot angefärbt, die mit polyklonalem Primärantikörper grün (anti-POR, anti-CYP3A4).

4. Material und Methoden

Tabelle 26: Verwendete Antikörper zur Detektion der Proteine nach SDS-PAGE.

Antigen	Art	Abstammung	Hersteller	Bestell-nummer	Verwendung
POR: Human oxidoreductase (Anti R2 Hap)	Primärantikörper	Polyklonal Rabbit	U.M. Zanger	-	1:1000 in 1% Magermilch/ TBS-T
CYP1A2	Primärantikörper	Monoklonal Mouse	Krausz / Bethesda	clone 26-7-5	1:1000 in 1% Magermilch/ TBS-T
CYP2D6 (114)	Primärantikörper	Monoklonal Mouse	U.M. Zanger	-	1:1000 in 1% Magermilch/ TBS-T
CYP3A4	Primärantikörper	Polyklonal Rabbit	BD Gentest	A458234	1:1000 in 1% Magermilch/ TBS-T
ß-Actin (human, mouse, rabbit)	Primärantikörper	Monoklonal Mouse	Sigma Aldrich	A5441	1:5000 in 5% Magermilch/ TBS-T
Ig G, IRDye800CW (grün)	Sekundärantikörper	Goat anti-rabbit	LI-COR	926-32211	1:20000 in 1% Magermilch/ TBS-T
Ig G, IRDye680 (rot)	Sekundärantikörper	Goat anti-mouse	LI-COR	926-322220	1:20000 in 1% Magermilch/ TBS-T

… Material und Methoden

5. Literaturverzeichnis

Aninat C, Piton A, Glaise D, Le Charpentier T, Langouet S, Morel F, Guguen-Guillouzo C, and Guillouzo A (2006) Expression of cytochrome P450, conjugating enzymes and nuclear receptors in human hepatome HepaRG cells. Drug Metab Dispos **34(1)**:75-83.

Baier S (2009) Etablierung und Optimierung des psiCHECK2-Vektor Systems zur Überprüfung der Funktionalität von si/shRNAs. Diplomarbeit am IKP in Stuttgart, AG Zanger.

Bertrand-Thiebault C, Masson C, Siest G, Batt AM and Vivikis-Siest S (2007) Effect of HMGCoA Reductase Inhibitors on Cytochrome P450 Expression in Endothelial Cell Line. J.Cardiovase Pharmacol 49:306-315.

Chen Y and Goldstein JA (2009) The transcriptional regulation of the human CYP2C genes. Curr Drug Metab **10(6)**:567-578

DeBose-Boyd RA (2007) A helping hand for the Cytochrom P450 enzymes. Cell Metabolism **5(2)**:143-9.

DeVincenzoa J, Lambkin-Williamsb R, Wilkinsonc T, Cehelskyd J, Nochurd S, Walshe E, Meyersd R, Gollobd J and Vaishnawd A (2010) A randomized, double-blind, placebo-controlled study of an RNAi-based therapy directed against respiratory syncytial virus. PNAS **107(19)**:8800-8805.

Dierks EA, Stams KR, Lim HK, Cornelius G, Zhang H and Ball SE (2001) A method for the simultaneous evaluation of the activities of seven major human drug-metabolizing cytochrome P450s using an in vitro cocktail of probe substrates and fast gradient liquid chromatography tandem mass spectrometry. Drug Metab. Dispos. **29(1)**:23-29.

Ding S, Yao D, Deeni YY, Burchell B, Wolf CR and Frieberg T (2001) Human NADPH-P450 oxidoreductase modulates the level of cytochrome P450 CYP2D6 holoprotein via haem oxygenase-dependent and –independent pathways. Biochemical Journal. 356: 613-619.

Dixit V, Hariparsad, Desai P and Unadkat JD (2007) In vitro LC-MS Cocktail-Assays to Simultaneously Determine Human Cytochrome P450 Activities. Biopharmaceutics & Drug Disposition **28**:257-262.

Elbashir SM, Harborth J, Lendeckel W, Yalcin A, Weber K and Tuschl T (2001) Duplexes of 21-nucleotide RNAs mediate RNA interference in cultures mammalian cells. Nature **411(6836)**:496-8.

5. Literaturverzeichnis

El-Sankary W, Gibson GG, Ayrton A and Plant N (2001) Use of a reporter gene assay to predict and rank the potency and efficacy of CYP3A4 inducers. Drug Metab Dispos. **29(11):1**499-504.

Evans WE and Relling MV (1999) Pharmacogenomics: Translating Functional Genomics into Rational Therapeutics. Science **286:** 487-491.

Faucette SR, Hawke RL, Lecluyse EL, Shord SS, Yan B, Laethem RM and Lindley CM (2000) Validation of bupropion hydroxylation as a selective marker of human cytochrome P450 2B6 catalytic activity. Drug Metab Dispos. **28:**1222-1230.

Feidt DM (2006) RNA-Interferenz in Hepatomazelllinien und primären humanen Hepatozyten - am Beispiel der NADPH Cytochrom P450 Oxidoreduktase -. Masterarbeit am IKP in Stuttgart, AG Zanger.

Feidt DM, Klein K, Nüssler A and Zanger UM (2009) RNA-Interference Approach to Study Functions of NADPH:Cytochrome P450 Oxidoreductase in Human Hepatocytes. Chemistry & Biodiversity **6 (11):**2084-2091.

Feidt DM, Klein K, Hofman U, Riedmaier S, Knobeloch D, Thasler WE, Weiss TS, Schwab M and Zanger UM (2010) Profiling induction of Cytochrome P450 Enzyme Activity Assay Using a New LC-MS/MS Cocktail Assay in Human Hepatocytes. Drug Metab Dispos. (Epub ahead of print)

Ferguson SS, Chen Y, LeCluyse EL, Negishi M and Goldstein JA (2005) Human CYP2C8 is transcriptionally regulated by the nuclear receptors constitutive androstane receptor, pregnane X receptor, glucocorticoid receptor, and hepatic nuclear factor 4. Mol Pharmacol **68:**747-757.

Fire A, Xu S, Montgomery MK, Kostas SA, Driver SE and Mello CC (1998) Potent and specific genetic interference by double-stranded RNA in Caenorhabditis elegans. Nature **391(6669):**806-11

Fischer SE (2010) Small RNA-mediated gene silencing pathways in C. elegans. Int J Biochem Cell Biol. in press.

Fisslthaler B, Michaelis R, Randriamboavonjy V, Busse R and Fleming I (2003) Cytochrome P450 epoxygenases and vascular tone: novel role for HMG-CoA reductase inhibitors in the regulation of CYP 2C expression. Biochimica et Biophysica Acta **1619(3):**332-339.

Geraerts M, Willems S, Baekelandt V, Debyser Z and Gijsbers R (2006) Comparison of lentiviral vector titration methods.BMC Biotchnol. **6:**34.

Gomes AM, Winter S, Klein K, Turpeinen M, Schaeffeler E, Schwab M and Zanger UM (2009) Multifactorial Analysis of NADPH:Cytochrome P450 Oxidoreductase in Human Liver: Polymorphisms, Haplotype Structures, and Impact on Microsomal Drug Oxidation Activities. Pharmacogenomics **10(4):**579-599.

Guengerich FP, Peterson LA and Böcker RH (1988) Cytochrome P-450-catalyzed hydroxylation and carboxylic acid ester cleavage of Hantzsch pyridine esters. J Biol. Chem. **263**:8176-8183.

Hammond SM, Bernstein E, Beach D and Hannon GJ (2000) An RNA-directed nuclease mediates post-transcriptional gene silencing in Drosophila cells. Nature **404(6775)**:293-6.

Hesse LM, Venkatakrishnan K, Court MH, Von Moltke LL, Duan SX, Shader RI and Greenblatt DJ (2000) CYP2B6 mediates the in vitro hydroxylation of bupropion: potential drug interaction with other antidepressants. Drug Metab Dispos. **28**:1176-1183.

Heyn H, White RB and Stevens JC (1996) Catalytic role of cytochrome P4502B6 in the N-demethylation of S-mephenytoin. Drug Metab Dispos. **24(9)**:948-54.

Hughes AL, Powell DW, Bard M, Eckstein J, Barbuch R, Link AJ and Espenhade PJ (2007) Dap1/PGRMC1 binds and regulates cytochrome P450 enzymes. Cell Metab. **5(2)**:143-9.

Jacobsen W, Kuhn B, Soldner A, Kirchner G, Sewing KF, Kollman PA, Benet L and Christians U (2000) Lactonization is the critical first step in the disposition of the 3-hydroxy-3-methylglutaryl-CoA reductase inhibitor atorvastatin. Drug Metab Dispos. **28**:1369-1378.

Kässer M (2005) Genregulierung durch kleine RNS-Moleküle. CLB Chemie in Labor und Biotechnik, 56.Jahrgang, Sonderausgabe 02/2005.

Kim MJ, Kim H, Cha IJ, Park JS, Shon JH, Liu KH and Shin JG (2005) High-throughput screening of inhibitory potential of nine cytochrome P450 enzymes in vitro using liquid chromatography/tandem mass spectrometry. Rapid Commun Mass Spectrom. 19(18):2651-8.

Kocarek TA, Schuetz EG, Guzelian PS (1993) Regulation of phenobarbital-inducible cytochrome P450 2B1/2 mRNA by lovastatin and oxysterols in primary cultures of adult rat hepatocytes. Toxicol Appl Pharmacol. **120(2)**:298-307.

Kocarek TA and Reddy AB (1996) Regulation of Cytochrome P450 Expression by Inhibitors of Hydroxymethylglutaryl-Coenzyme A Reductase in Primary Cultured Rat Hepatocytes and in Rat Liver. Drug Metab Dispos. **24(11)**:1197-I204.

Kocarek TA, Dahn MS, Cai H, Strohm SC and Mercer-Haines NA (2002) Regulation of CYP2B6 and CYP3A expression by hydroxymethylglutaryl coenzyme A inhibitors in primary cultured human hepatocytes. Drug Metab Dispos. **30(12)**:1400-1405.

Kroemer HK, Mikus G, Kronbach T, Meyer UA and Eichelbaum M (1989) In vitro characterization of the human cytochrome P-450 involved in polymorphic oxidation of propafenone. Clin Pharmacol Ther. **45**:28-33.

Kurreck J (2003) Antisense technologies: Improvement through novel chemical modifications. Eur. J. Biochem. **270**:1628-1644.

Lahoz A, Donato MT, Castell JV and Gómez-Lechón (2008) Strategies to In Vitro Assessment of Major Human CYP-Enzyme Activities by Using Liquid Chromatography Tandem Mass Spectrometry. Current Drug Metabo **9**:12-19.

Lang T, Klein K, Fischer J, Nuessler AK, Neuhaus P, Hofmann U, Eichelbaum M, Schwab M und Zanger UM (2001) Extensive genetic polymorphism in the human CYP2B6 gene with impact on expression and function in human liver. Pharmacogenetics **11**:399-415.

Langsch A, Giri A, Acikgöz A, Jasmund I, Frericks B and Bader A (2009) Interspecies difference in liver-specific functions and biotransformation of testosterone of primary rat, porcine and human hepatocyte in an organotypical sandwich culture. Toxocologies Letters **188**:173-179.

Le Vee M, Jigorel E, Glaise D, Gripon P, Guguen-Guillouzo C and Fardel O (2006) Functional expression of sinusoidal and canalicular hepatic drug transporters in the differentiated human hepatoma HepaRG cell line. Eur J Pharm Sci **28(1-2)**:109-117.

Le Vee M, Gripon P, Stieger B and Fardel O (2007) Down regulation of organic anion transporter expression in human hepatocytes exposed to the proinflammatory cytocine interleukin 1 beta. Drug Metab Dispos **36(2)**:217-222.

Liao M, Raczynski AR, Chen M, Chuang B-C, Zhu Q, Shipman R, Morrison J, Lee D, Lee FW, Balani SK and Xia CQ (2010) Inhibition of hepatic OATP by RNAi in sandwich-cultured human hepatocytes: An in vitro model to assess transporter-mediated drugdrug interactions. Drug Metabolism and Distribution, in press.

Mourot B, Nguyen T, Fostier A and Bobe J (2006) Two unrelated putative membrane-bound progestin receptors, progesterone membrane receptor component I (PGRMCI) and membranprogestin receptor (mPR) beta, are expressed in the rainbow trout oocyte and exhibit similar ovarian expression. BioMed Central **4:6**.

Nelson DR, Koymans L, Kamataki T, Stegeman JJ, Feyereisen R, Waxman DJ, Waterman MR, Gotoh O, Coon MJ, Estabrook RW, Gunsalus IC and Nebert DW (1996) P450 Superfamily: Update on New Sequences, Gene Mapping, Accession Numbers and Nomenklature. Pharmacogenetics **6**: 1-42.

Nguyen TH, Oberholzer J, Birraux J, Majno P, Morel P and Trono D (2002) Highly Efficient Lentiviral Vector-Mediated Transduction of Nondividing, Fully Reimplantable Primary Hepatocytes. Molecular Therapy **6(2)**.

Nussler AK, Nussler NC, Merk V, Brulport M, Schormann W and Hengstler JG (2009) In: Regenerative Medicine Today: Chapter 9: The Holy grail of hepatocyte culturing and therapeutic use. Ed. M. Santin, University of Brighton. Springer International, Germany, USA pp 283 - 320.

Park JE, Kim KB, Bae SK, Moon BS, Liu KH and Shin JG (2008) Contribution of cytochrome P450 3A4 and 3A5 to the metabolism of atorvastatin. Xenobiotica **38(9)**:1240-51.

Peluso J, Romak J and Liu X (2008) Progesterone receptor membrane component-1 (PGRMC1) is the mediator of progesterone's antiapoptotic action in spontaneously immortalized granulosa cells as revealed by PGRMC1 small interfering ribonucleic acid treatment and functional analysis of PGRMC1 mutations. The Endocrine Society **149(2)**: 534-543.

Rasheed S, Nelson-Rees WA, Toth EM, Arnstein P and Gardner MB (1974) Characterization of a newly derived human sarcoma cell line (HT-1080). Cancer **33(4)**:1027-33.

Richter T, Mürdter TE, Heinkele G, Pleiss J, Tatzel S, Schwab M, Eichelbaum M and Zanger UM (2004) Potent mechanism-based inhibitors of human CYP2B6 by clopidogrel and ticlopidine. J. Pharmacol. Exp. Ther. **308**:189-197.

Riedmaier S, Klein K, Hofmann U, Keskitalo JE, Neuvonen PJ, Schwab M, Niemi M and Zanger UM (2010) UDP-Glucuronosyltransferase (UGT) polymorphisms affect atorvastatin lactonization in vitro and in vivo. Clinical Pharmacology & Therapeutics **87(1)**: 65-73.

Rohe HJ, Ahmed IS, Twist KE and Craven R (2009) PGRMC1: a targetable protein with multiple functions in staroid signaling, P450 activation and drug binding. Pharmacol Ther. **121(1)**:14-19.

Schuetz EG, Schuetz JD, Strom SC, Thompson MT, Fisher RA, Molowa DT, Donna L and Guzelian PS (1993) Regulation of human liver cytochromes P-450 in family 3A in primary and continuous culture of human hepatocytes. Hepatology **18(5)**:1254-62.

Selden C, Mellor N, Rees M, Laurson J, Kirwan M, Escors D, Collins M and Hodgson H (2007) Growth factors improve gene expression after lentiviral transduction in human adult and fetal hepatocytes. The Journal of gene medicine **9**:67-76.

Spina E, Santoro V and DÁrrigo C (2008) Clinically Relevant Pharmacokinetic Drug Interactions with Second-Generation Antidepressants: An Update. Clinical Therapeutics **30(7)**:1206-1227.

Tabara H, Sarkissian M, Kelly WG, Fleenor J, Grishok A, Timmons L, Fire A and Mello CC (1999) The rde-1 gene, RNA interference, and transposon silencing in C. elegans. Cell **(2)**:123-32.

Testino SA Jr and Patonay G (2003) High-throughput inhibition screening of major human Cytochrome P450 enzymes using an in vitro cocktail and liquid chromatography tandem mass spectrometry. J. Phar. Biomed. Anal. **30(5)**:1459-1467.

Thasler WE, Weiss TS, Schillhorn K, Stoll PT, Irrgang B, Jauch KW (2003) Charitable State Controlled Foundation Human Tissue and Cell Research: Ethic and Legal Aspects in the Supply of Surgically Removed Human Tissue For Research in the Academic and Commercial Sector in Germany. Cell Tissue Bank **4**:49-56.

Tolonen A, Petsalo A, Turpeinen M, Uusitalo J and Pelkonen O (2007) In vitro interaction Cocktail-Assay for nine major cytochrome P450 enzymes with 13 probe reactions and a single LC/MSMS run: analytical validation and testing with monoclonal anti-CYP antibodies. Journal of Mass spectrometry **42**:960-966.

Toscano C (2006) Molecular analysis of mechanisms leading to CYP2D6 intermediate and ultrarapid metabolizer phenotypes. Dissertation.

Trono, D. (2000) Lentiviral vectors: turning a deadly foe into a therapeutic agent. Gene Ther. **7(1)**:20-23.

Turpeinen M, Hofman U, Klein K, Mürdter T, Schwab M and Zanger UM (2009) A Predominante Role of CYP1A2 for the Metabolism of Nabumetone to the Active Metabolite, 6-Methoxy-2-naphthylacetic Acid, in Human Liver Microsomes. Drug Metab Dispos. **37(5)**:1017-1024.

Vattem KM, Staschke KA and Wek RC (2001) Mechanism of activation of the double-stranded-RNA- dependent protein kinase, PKR: role of demerization and cellular localization in the stimulation of PKR phosphorylation of eukaryotic initiation factor-2 (eIF2). Eur J Biochem **268(13)**:3674-84.

von Richter O, Dissertation 2000: Expression und funktion arzneimittelmeta bolisierender Enzyme und des ABC-Transporters P-Glykoprotein in Dünndarm und Leber des Menschens.

Walsky RL and Obach RS (2004) Validated assays for human cytochrome P450 activities. Drug Metab Dispos. **32(6)**:647-60.

Walsky RL, Gaman EA and Obach RS (2005) Examination of 209 Drugs for Inhibition of Cytochrome P450 2C8. Journal of Clinical Pharmacology **45**:68-78.

Weaver R, Graham KS, Beattie IG and Riley RJ (2003) Cytochrome P450 inhibition using recombinant proteins and mass spectrometry/multiple reaction monitoring technology in a cassette incubation. Drug Metab Dispos. **31(7)**:955-66.

Weiss TS, Pahernik S, Scheruebl I, Jauch KW, Thasler WE (2003) Cellular damage to human hepatocytes through repeated application of 5-aminolevulinic acid. J.Hepatol. **38**:476-482.

Wilkening S and Bader A (2003) Influcene of sulture time in the expression of drugmetabolizing enzymes in primary human hepatocytes and hepatoma cell line HepG2. Jounal of Biochem. Molecular toxicology **17**.

Wolbold R, Klein K, Burk O, Nussler AK, Neuhaus P, Eichelbaum M, Schwab M and Zanger UM (2003) Sex is a major determinant of CYP3A4 expression in human liver. Hepatology **38**:978-988.

Yamazaki H, Shimada T, Martin MV and Guengerich FP (2001) Stimulation of Cytochrom P450 reactions by Apo-Cytochrome b_5. Journal of Biological Chemistry., **276(33)**:30885-30891.

Yamazaki H, Nakamura M, Komatsu T, Ohyama K, Hatanaka N, Asahi S, Shimada N, Guengerich FP, Shimada T, Nakajima M and Yokoi T (2002) Roles of NADPH-P450 reductase and apo- and holo-cytochrome b5 on xenobiotic oxidations catalyzed by 12 recombinant human cytochrome P450s expressed in membranes of Escherichia coli. Protein Expr Rurif **24(3)**:329-37.

Yasuda N, Matzno S, Iwano C, Nishikata M and Matsuyama K (2005) Evaluation of apoptosis and necrosis induced by statins using fluorescence-enhanced flow cytometry. J Pharm Biomed Anal. **39(3-4)**:712-7.

Zamule SM, Strom SC and Omiecinski CJ (2008) Preservation of Hepatic Phenotype in Lentiviral-Transduced Primary Human Hepatocytes. Chem Biol Interact. **173(3)**:179-186.

Zanger UM, Turpeinen M, Klein K and Schwab M (2008) Functional pharmacogenetics/genomics of human cytochromes P450 involved in drug biotransformation. Anal Bioanal Chem **392**:1093-1108.

5. Literaturverzeichnis

6. Anhang

6.1 SOP 01-00:
»Isolierung primärer humaner Hepatozyten aus Lebergewebe einer Leber-Teilresektion«

Universitätsmedizin Berlin, Charité, Campus Virchow, Dep. of General-, Visceral- and Transplantation Surgery Universität Regensburg, Dep. of Surgery, Center for Liver Cell Research LM Universität München, Klinikum Grosshadern, Dep. of Surgery	Date: 09/2007
Standard Operation Procedure 01 - 00	Revision:
Isolation of primary human hepatocytes from resected liver tissue	Page: 1 / 11

Network Systems Biology
HepatoSys

Index		Page
1	Aim	2
2	Scope and responsibilities	2
3	Abbreviations	2
4	Material and equipment	2
4.1	Media preparation	2
4.1.1	Hepatocyte incubation medium	2
4.1.2	Perfusion solution I	2
4.1.3	Perfusion solution II	3
4.2	For isolation of primary human hepatocytes	3
5	Methodology	4
5.1	Preparation of media and reagents	4
5.1.1	Hepatocyte incubation medium	4
5.1.2	Perfusion solution I	4
5.1.3	Perfusion solution II	5
5.1.4	Labeling	5
5.2	Isolation procedure	5
5.2.1	Safety note	5
5.2.2	Set up of perfusion system	5
5.2.3	Isolation of primary human hepatocytes	7
5.2.4	Percoll purification	7
5.2.5	Documentation	8
6	Appendix	8
6.1	Data sheet of isolation procedure	9
6.2	Patient related clinical data	10
7	Literature	11

Released:	Group leader
	PD Dr. med. N. Nüssler / Prof. Dr. rer. nat. A. Nüssler
	PD Dr. med. W. Thasler
	PD Dr. rer. nat. T. Weiss
Date	signature

6. Anhang

Universitätsmedizin Berlin, Charité, Campus Virchow, Dep. of General-, Visceral- and Transplantation Surgery Universität Regensburg, Dep. of Surgery, Center for Liver Cell Research LM Universität München, Klinikum Grosshadern, Dep. of Surgery	Date: 09/2007
Standard Operation Procedure 01 - 00	Revision:
Isolation of primary human hepatocytes from resected liver tissue	Page: 2 / 11

1 Aim

This SOP describes the primary human hepatocyte isolation procedure of resected liver tissue.

2 Scope and responsibilities

All BMBF - project „HepatoSys"- collaborators should follow this SOP. The group leader is responsible for the validation of this SOP. All involved collaborators must comply with this SOP and must received adequate training and instructions of this procedure.

3 Abbreviations

$CaCl_2 \cdot 2H_2O$ Calcium chloride dihydrated
EGTA   Ethylene glycol-bis-(2-aminoethyl)-tetraacetic acid
FBS   Foetal Bovine Serum
KCl   Potassium Chloride
NaCl   Sodium Chloride

4 Material and equipment

4.1 Media preparation

4.1.1 Hepatocyte incubation medium

- Williams Medium E with Glutamax, sterile   *Gibco 32551-020*
- FBS, inactivated by 56 °C for 30 min   *Gibco 10106-169*
- Hepes Buffer 1 M   *Gibco 15630-056*
- Sodium pyruvate   *Gibco 11360-039*
- MEM 100 mM   *Gibco 11140-035*
- Penicillin (10,000 units/ml)/Streptomycin (10,000 µg/ml)   *Gibco 15140-122*
- Insulin human Insuman Rapid 40 I.E./ml   *Aventis 1843315*
- Fortecortin Inject 4 mg/ml   *Merck*

4.1.2 Perfusion solution I

- NaCl   *Fluka 71379*
- KCl   *Merck 4938*
- Hepes   *Sigma H3375*
- EGTA   *Fluka 03780*
- Distilled water   *Fresenius Kabi*
- 0.2 µm filter   *Nalge Nunc Int.*

6. Anhang

Universitätsmedizin Berlin, Charité, Campus Virchow, Dep. of General-, Visceral- and Transplantation Surgery Universität Regensburg, Dep. of Surgery, Center for Liver Cell Research LM Universität München, Klinikum Grosshadern, Dep. of Surgery	Date: 09/2007
Standard Operation Procedure 01 - 00	Revision:
Isolation of primary human hepatocytes from resected liver tissue	Page: 3 / 11

4.1.3 Perfusion solution II

- NaCl — *Fluka 71379*
- KCl — *Merck 4938*
- $CaCl_2 \cdot 2H_2O$ — *Sigma C3881*
- Hepes — *Sigma H3375*
- Human albumin (0.5%) — *Sigma A6003*
- Distilled water — *Fresenius Kabi*
- Collagenase P — *Roche 1213873*
- 0.2 µm filter — *Nalge Nunc Int.*

4.2 For isolation of primary human hepatocytes

- water bath (39°C) (1, s. photo) — *VWR*
- water heater (2, s. photo) — *Roth L837.1*
- peristaltic pump (3, s. photo) — *Roth 0934.1*
- laboratorial stand-set (4, s. photo) — *Roth X081.1*
- lead ring — *Roth L077.1*
- DPBS (1x), sterile — *PAA H15-002*
- Percoll solution, density 1.124 — *Biochrom L6145*
- sterile gloves — *Ansell PK34110*
- sterile Buchner funnel (5, s. photo) — *Roth 1582.1*
- silicone tube, sterile (6, s. photo) — *Roth N875.1*
- tissue glue, sterile — *Aesculap 1050052*
- forceps, sterile — *Aesculap BD537*
- 3-way-canula, sterile — *self made*
- gauze swabs, sterile — *Hartmann 401725*
- drape sheet, sterile — *Lohmann Rauscher*
- plastic tubes, 1.5 ml, sterile — *Sarstedt 72.706*
- plastic tubes, 50 ml, sterile — *Falcon 352070*
- glass pipettes, 10 ml, 25 ml, 50 ml, sterile — *Falcon*
- pipettes 200 µl, 1000µl — *Eppendorf, Gilson*
- pipette tips, sterile — *Sarstedt 70760002*
- light optical microscope — *Olympus*
- "Pipetboy" — *Brand*
- Petri dish 150x25 mm, sterile — *Falcon 353025*
- centrifuge (Varifuge 3.0R) — *Heraeus*
- laminar air flow — *Heraeus*
- vacuum pump — *IBS*
- trypan blue — *Biochrom L6323*
- scalpel, sterile 20 — *Feather*
- Neubauer chamber — *Optik Labor*
- scissors, sterile — *VWR*

Universitätsmedizin Berlin, Charité, Campus Virchow, Dep. of General-, Visceral- and Transplantation Surgery Universität Regensburg, Dep. of Surgery, Center for Liver Cell Research LM Universität München, Klinikum Grosshadern, Dep. of Surgery	Date: 09/2007
Standard Operation Procedure 01 - 00	Revision:
Isolation of primary human hepatocytes from resected liver tissue	Page: 4 / 11

5. Methodology

5.1 Preparation of media and reagents

5.1.1 Hepatocytes incubation medium

All procedures must be performed under sterile conditions.
First, thaw the FBS and Penicillin/Streptomycin. Then add the following components into a bottle, containing 500 ml Williams Medium E:

Solution	Volume	Conc. in Preparation
Penicillin / Streptomycin	5 ml	100 U / 100 µM
Fortecortin	125 µl	0.8 µg/ml
Hepes	7.5 ml	15 mM
Sodium pyruvate	5 ml	1 mM
Insulin human	400 µl	1 mM
FBS	50 ml	10 %
MEM	5 ml	1 %

Hepatocyte incubation medium is now ready for use and can be stored up to 2 weeks at 4°C.

5.1.2 Perfusion solution I (10 x stock)

Weight the following substances accordingly for the medium.
- 83 g   NaCl   (1.42 M)
- 5 g   KCl   (67 mM)
- 24 g   Hepes   (100 mM)

Dissolve all above mentioned substances in 1000 ml distilled water. Adjust pH to 7.5, filter sterilize and store at 4°C.

Perfusion solution I (1 x) with EGTA

Mix together:
- 50 ml   Perfusion solution I   (10 x stock)
- 0.475 g   EGTA   (2.4 M)
- 450 ml   distilled water

Adjust pH to 7.4 filter sterilize and store at 4°C.

Perfusion solution I (1 x) without EGTA

- 50 ml Perfusion solution I (10-fach)
- 450 ml distilled water
- 25 ml human Albumin (add fresh)

Adjust pH to 7.4, filter sterilize and store at 4°C.

Universitätsmedizin Berlin, Charité, Campus Virchow, Dep. of General-, Visceral- and Transplantation Surgery Universität Regensburg, Dep. of Surgery, Center for Liver Cell Research LM Universität München, Klinikum Grosshadern, Dep. of Surgery	Date: 09/2007
Standard Operation Procedure 01 - 00	Revision:
Isolation of primary human hepatocytes from resected liver tissue	Page: 5 / 11

5.1.3. Perfusion solution II (1 x)

Prepare solution 1 and solution 2 separately:

Solution 1:
```
5.85 g      NaCl              (67 mM)
0.75 g      KCl               (6.7 mM)
36.0 g      Hepes             (100 mM)
7.5 g       Albumin           (0.5%)
1300 ml     distilled water
Adjust pH to 7.6
```

Solution 2:
```
1.05 g      CaCl₂ • 2H₂O      (4.8 mM)
150 ml      distilled water
```

Mix solution 1 and solution 2 and add distilled water up to 1450 ml. Recheck pH, adjust to 7.6 and top up distilled water up to 1500 ml. Filter sterilize, and store at 4°C for max. 4 weeks.

5.1.4 Labelling

Label the bottle as follows:
- Name of medium
- Date of preparation
- Expiration date
- Signature

5.2 Isolation procedure

5.2.1 Safety note

All steps should be carried out under sterile conditions (laminar flow bench).

5.2.2 Set-up of perfusion system (s. Photo)

- Cool down centrifuge to 4°C
- Fill water bath and set temperature at 39°C. Verify temperature at the outflow of the tubing – it should be 39°C – collagenase activity is max. between 37°C and 40°C
- Place the bottle of perfusion solution I with EGTA into the water bath and cover it with the lead ring to prevent it from floating
- Secure the Buchner funnel onto the tripod (see photo), and place an empty sterile bottle (500 ml) underneath the funnel for the wastage
- Place both ends of the silicon tube into the bottle of perfusion solution I
- Fill perfusion solution I with EGTA into the silicon tube, ensuring that no air is left in the tube

6. Anhang

Universitätsmedizin Berlin, Charité, Campus Virchow, Dep. of General-, Visceral- and Transplantation Surgery Universität Regensburg, Dep. of Surgery, Center for Liver Cell Research LM Universität München, Klinikum Grosshadern, Dep. of Surgery	Date: 09/2007
Standard Operation Procedure 01 - 00	Revision:
Isolation of primary human hepatocytes from resected liver tissue	Page: 6 / 11

Step 1 (Single pass perfusion mode)   *Step 2 (Recirculation mode)*

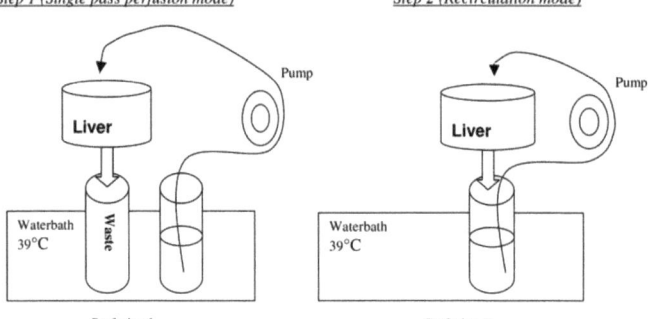

Perfusion I   Perfusion II

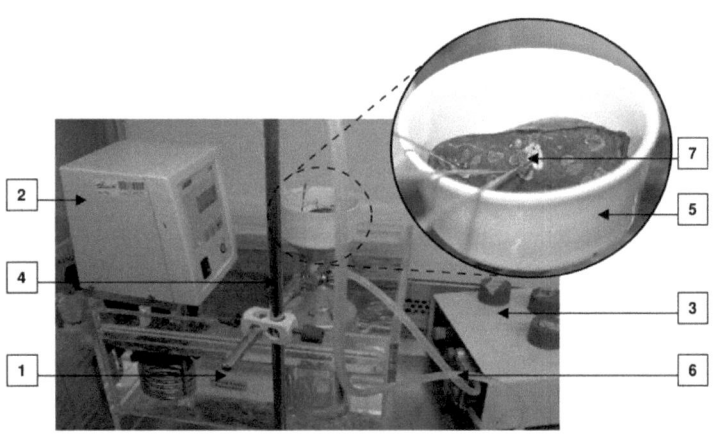

Photo: Set-up of perfusion system (recirculation mode)

- 6 -

Universitätsmedizin Berlin, Charité, Campus Virchow, Dep. of General-, Visceral- and Transplantation Surgery Universität Regensburg, Dep. of Surgery, Center for Liver Cell Research LM Universität München, Klinikum Grosshadern, Dep. of Surgery	Date: 09/2007
Standard Operation Procedure 01 - 00	Revision:
Isolation of primary human hepatocytes from resected liver tissue	Page: 7 / 11

5.2.3 Isolation of primary human hepatocytes

This method corresponds to the principles of the two-step liver cell isolation using a collagenase perfusion of the rat liver, published by Seglen (1976), and a modified in situ perfusion technique of a rejected whole transplant human liver by Dorko et al.

Procedure

- Take the liver piece out of the transport medium and place on the Petri dish
- Fix the 3-way cannula into the biggest vessels and close other vessels with tissue glue (7, s. photo), until an adequate perfusion has been reached.
- Perfusion step I (approx. 20 min.): perfuse the liver with 500 ml perfusion solution I with EGTA until all the blood has been removed from the tissue.
- Mix 100 ml perfusion solution II with 50 mg collagenase P, sterile filtration and storage at 37°C. Collagenase must always be added to the perfusion solution II immediately prior to liver perfusion (thereafter stored in 37°C water bath), since collagenase can loose its activity at <37°C. The reconstructed solution remains stable at -15 to -25°C.
- Perfusion step II: modification of tubing to enable the recirculation of perfusion solution II (see above scheme) Perfusion solution II with collagenase should be preheated to 37°C for 15-30 min, depending on the quality of the tissue. Terminate the process between 20-30 min or as soon as the liver stays irreversibly deformed through slight pressure. Collagenase is a calcium dependant enzyme and must therefore be present in the solution during the second stage of perfusion
- Now place the liver in the Petri dish with perfusion solution I without EGTA (4°C). Cut the liver tissue in two halves with the scalpel or open the liver capsule. Use scalpel and forceps to "comb" the cells free. Rinse the remaining liver tissue in the Petri dish with perfusion solution I without EGTA
- Pour cell suspension through funnel with gauze into 50 ml tubes, in order to eliminate tissue debris
- Centrifuge the cell suspension once at 500 rpm (50 g) for 5 min at 4°C
- Resuspend the cell pellet in hepatocyte incubation medium and store at 4°C
- Mix together 100 µl cell suspension with 900 µl trypan blue (dilute with PBS 1:4) to reach a substance of 1:10
- Viability and cell number are then determined via trypan blue staining and Neubauer counting cell chamber.

total cells = counted cells x 10^4 x10 (dilution) x ml cell suspension

viability % = vital cells * 100/ total cells

5.2.4 Percoll-Purification (density gradient centrifugation)

1. Prepare a 25% Percoll-solution: add 15 ml PBS and 5 ml Percoll Solution into a 50 ml Falcon-tube, mix well!
2. Carefully add (!) 4-5 ml of cell suspension onto the Percoll solution
3. Centrifuge 1278 x g (2500 rpm) at 4°C for 20 min., without brake (!)
4. After centrifugation two layers are formed: upper layer – dead cells and cell debris; lower layer – live cells (pellet)

6. Anhang

Universitätsmedizin Berlin, Charité, Campus Virchow, Dep. of General-, Visceral- and Transplantation Surgery Universität Regensburg, Dep. of Surgery, Center for Liver Cell Research LM Universität München, Klinikum Grosshadern, Dep. of Surgery	Date: 09/2007
Standard Operation Procedure 01 - 00	Revision:
Isolation of primary human hepatocytes from resected liver tissue	Page: 8 / 11

5. Aspirate the upper layer
6. Add 35 ml PBS to the cell pellet and centrifuge at 50 x g, 5 min., 4 °C
7. Aspirate the supernatant and resuspend the cell pellet with hepatocyte incubation medium
8. Determine the cell number and cell viability using the trypan blue exclusion technique (s.5.2.3.)

5.2.5 Documentation

Fill out a protocol for each isolation with all relevant data regarding the donor (age, diagnose), the resected liver tissue (weight, quality) and the isolation procedure (weight of collagenase, cell number before and after the Percoll-purification).

6. Appendix

6.1 Data sheet of isolation procedure: page 9

6.2 Patient related clinical data sheet: page 10

Universitätsmedizin Berlin, Charité, Campus Virchow, Dep. of General-, Visceral- and Transplantation Surgery Universität Regensburg, Dep. of Surgery, Center for Liver Cell Research LM Universität München, Klinikum Grosshadern, Dep. of Surgery	Date: 09/2007
Standard Operation Procedure 01 - 00	Revision:
Isolation of primary human hepatocytes from resected liver tissue	Page: 9 / 11

Data of experiments   **Experiment number:** _____
Date: ____ ____ _____

Patient's data: Initials: _____ Birthday: _____ Sex: _____ Age: _____
Diagnose: _____
Resected liver quality: _____
Ischemic time: warm _____ min; cold _____ min
Weight of resected liver: _____ - _____ = _____ g
Histology: _____

Isolation procedure:
Type of cannulation: _____
Solution I: _____ _____ ml _____ min. perfusion
Solution II: _____ _____ ml _____ min. perfusion
Albumin 0.5% in Solution II: yes ____, no ____.
Type of collagenase: _____ _____ mg
Speed of pump: _____
Perfusion quality: _____
Digestion quality: _____

Centrifugation:	Rpm/g	Time, min.	Temperature, °C
I			

Trypan blue test (before Percoll):

Cell-susp. (ml)	Total cells/ml ($\times 10^6$)	Total cells ($\times 10^6$)	Viable cells/ ml ($\times 10^6$)	Total viable cells ($\times 10^6$)	Viability %

Quality of cells: _____

Percoll-purification: yes ____, no ____.

Percoll concentration	Rpm/g	Time, min	Temperature, °C

Trypan blue test (after Percoll):

Cell-susp. (ml)	Total cells/ml ($\times 10^6$)	Total cells ($\times 10^6$)	Viable cells/ ml ($\times 10^6$)	Total viable cells ($\times 10^6$)	Viability %

Quality of cells: _____

6. Anhang

Universitätsmedizin Berlin, Charité, Campus Virchow, Dep. of General-, Visceral- and Transplantation Surgery Universität Regensburg, Dep. of Surgery, Center for Liver Cell Research LM Universität München, Klinikum Grosshadern, Dep. of Surgery	Date: 09/2007
Standard Operation Procedure 01 - 00	Revision:
Isolation of primary human hepatocytes from resected liver tissue	Page: 10 / 11

Clinical data for liver pieces   *please write clearly !!*

Label of patient _____

Serological offtake:
Date: _____
Serolog. statement:
HBs-Ag-Ab-Test _____ S/N   ≥ 2,0 = pos.
HCV-Ab-Test _____ S/CO ≥ 1,0 = pos.
                                   GzB.: 0,8 < 1,0
HIV-Ab-Test _____ S/CO ≥ 1,0 = pos.
                                   GzB.: 0,9 < 1,0

Size: _____ cm   No evidence for HIV/HCV
Weight: _____ kg   ASA: _____

Diagnosis: _____

Planned procedure: _____   OR-Date: _____

Para diagnosis: _____
  Adiposity   ☐
  Diabetes mellitus   ☐
  Hyper-cholesterol-aneamia   ☐
  Hypertonus   ☐
  Hyper-uric-aneamia   ☐

Long-term medication:
Please print   if yes, which dosis: Blood group: _____
none
Anti-Hypertensives ☐   Laboratory: Unit
ACE-inhibitors   AP   U/l
β-blocker   Bilirubin complete mg/dl
Ca-Antagonists   GOT   U/l
Nitrate   GPT   U/l
Diuretics   GGT   U/l
Anti-Arrhythmics   ☐   PTT   sec.
Digitalis   Quick   %
Antacids   ☐   CHE   U/l
Antibiotics   ☐   AFP   µg/l
Anticoagulants   ☐   (AFP only, when already determined)
Macumar
ASS   Chemotherapy (neoadj.):
Heparin NM / unfr.
Anti-Asthmatics   ☐   Substance _____
Antihistaminics   Space of time _____
Allopurinol   ☐
Insulin/oral Antidiab. ☐
Corticosteroids   ☐   Drugs _____
Antilipidemic drugs ☐   Alcohol _____
Psychotropic drugs ☐   Nicotine _____
Thyreostatics   ☐
Miscellaneous   ☐

Date: _____
Signature (Doctor): _____

Universitätsmedizin Berlin, Charité, Campus Virchow, Dep. of General-, Visceral- and Transplantation Surgery Universität Regensburg, Dep. of Surgery, Center for Liver Cell Research LM Universität München, Klinikum Grosshadern, Dep. of Surgery	Date: 09/2007
Standard Operation Procedure 01 - 00	Revision:
Isolation of primary human hepatocytes from resected liver tissue	Page: 11 / 11

7. Literature:

1. Seglen PO. 1976. Preparation of isolated rat liver cells. Methods Cell Biol. 1976;13:29-83.
2. Dorko K, Freeswick PD, Bartoli F, Cicalese L, Bardsley BA, Nussler AK. 1994. A new technique for isolating and culturing human hepatocytes from whole or split livers unsuitable for transplantation. Cell Transplantation 3: 387.
3. Strom SC, Dorko K, Thompson MT, Pisarov L, Nussler AK. 1998. Large scale isolation and culture of human hepatocytes. In: Franco D, Boudjema, K, Varet K (eds). Ilots de Langerhans et hepatocytes: Vers une utilisation therapeutique. Les Editions INSERM Paris, France, pp 195-205.
4. Weiss TS, Pahernik SA, Scherübl I, Jauch KW, Thasler WE. 2003. Cellular damage to human hepatocytes through repeated application of 5-aminolevulinic acid. J. Hepatol. 38, 476-482.
5. Thasler WE, Weiss TS, Plän T, Stoll PT, Schillhorn K, Irrgang B, Jauch KW. 2003. Human tissue research – ethical and legal guidelines. Cell and Tissue Banking 4, 49-56.

6. Anhang

6.2 SOP 02-00:
»Aussäen von primären humanen Hepatozyten«

Universitätsmedizin Berlin, Charité, Campus Virchow, Dep. of General-, Visceral- and Transplantation Surgery Universität Regensburg, Dep. of Surgery, Center for Liver Cell Research LM Universität München, Klinikum Grosshadern, Dep. of Surgery	Date: 09/2007
Standard Operation Procedure 02 - 00	Revision:
Seeding of primary human hepatocytes	Page: 1 / 7

 Network Systems Biology
HepatoSys

Index		Page
1	Aim	2
2	Scope and responsibilities	2
3	Material and equipment	2
3.1	Consumable material	2
3.2	Equipment	2
3.3	Hepatocyte incubation medium	2
4	Methodology	3
4.1	Seeding of hepatocytes	3
4.2	Patterns of pipetting	4

Released:	Group leader
	PD Dr. med. N. Nüssler / Prof. Dr. rer. nat. A. Nüssler PD Dr. med. W. Thasler PD Dr. rer. nat. T. Weiss
Date	signature

6. Anhang

Universitätsmedizin Berlin, Charité, Campus Virchow, Dep. of General-, Visceral- and Transplantation Surgery Universität Regensburg, Dep. of Surgery, Center for Liver Cell Research LM Universität München, Klinikum Grosshadern, Dep. of Surgery	Date: 09/2007
Standard Operation Procedure 02 - 00	Revision:
Seeding of primary human hepatocytes	Page: 2 / 7

1 Aim

This Standard Operating Procedure supervises the seeding of primary human hepatocytes (PHH) in multiwell plates (BioCoat™, collagen type 1) directly after isolation.

2 Scope and Responsibilities

All BMBF - project „HepatoSys"- collaborators should follow this SOP. The group leader is responsible for the validation of this SOP. All involved collaborators must comply with this SOP and must received adequate training and instructions of this procedure.

3 Material

3.1 Consumable material

Material	Company	Order number
6 well plate (BioCoat™)	Becton Dickinson	356400
12 well plate (BioCoat™)	Becton Dickinson	356500
24 well plate (BioCoat™)	Becton Dickinson	356408
48 well plate (BioCoat™)	Becton Dickinson	356505
96 well plate (BioCoat™)	Becton Dickinson	354407
Centrifuge tube (15 ml)	Corning	430791
Centrifuge tube (50 ml)	Corning	430829
Centrifuge beaker	Nunc	376813
Serological pipette (5 ml)	Corning	4487
Serological pipette (10 ml)	Corning	4488
Serological pipette (25 ml)	Corning	4489
Pasteur pipette	Brand	747720

3.2 Equipment

Equipment	Company	Order number
Centrifuge	Heraeus	Type Multifuge 3L-R
Centrifuge rotor	Heraeus	Type 6445
Incubator	Heraeus	Type BB6220
Microscope	Leica	Type DMIL

3.3 Medium for seeding of hepatocyte

For preparation of hepatocyte incubation medium see SOP 01 - 00 (5.1.1).

Universitätsmedizin Berlin, Charité, Campus Virchow, Dep. of General-, Visceral- and Transplantation Surgery Universität Regensburg, Dep. of Surgery, Center for Liver Cell Research LM Universität München, Klinikum Grosshadern, Dep. of Surgery	Date: 09/2007
Standard Operation Procedure 02 - 00	Revision:
Seeding of primary human hepatocytes	Page: 3 / 7

4 Methodology

4.1 Seeding of hepatocytes

<u>Starting material</u>: Suspension of PHH in hepatocyte incubation medium with known concentration of viable PHH in a centrifuge beaker.

1. Homogenize carefully the suspension of PHH in hepatocyte incubation medium through shaking the centrifuge beaker overarm for three times.
2. Take the required number of PHH (compare to table 2.1 - 2.3) with a serological pipette and transfer the suspension in a centrifuge tube or centrifuge beaker.
3. Centrifuge the Suspension (72 g, 4 °C, 5 min).
4. Aspirate supernatant and resuspend the PHH with hepatocyte incubation medium (compare to table 2.1 - 2.3).
5. Homogenize carefully the suspension of PHH in hepatocyte incubation medium by shaking overarm for three times.
6. Take the required number of PHH with a serological pipette and transfer the homogen suspension speedy in the wells of the multiwell plate (compare to patterns of pipetting on page 4).
7. Move the plate horizontal in x- und y-direction in order to get PHH uniformly distributed.
8. *optional*: Repeat steps 5 to 7 for further plates.
9. Control the cells with a microscope.
10. Incubate the plates (37 °C, 5% CO_2) over night.
11. Change the medium (hepatocyte incubation medium).

Table 1: Important parameters for seeding

Size	Area well [cm^2]	V (PHH-Suspension) per well [ml]	Size of serological pipette for seeding
6 well	9.6	2	10 ml
12 well	3.8	1	5 ml
24 well	2.0	1	5 ml
48 well	0.75	1	5 ml
96 well	0.32	0.2	8 channel pipette

6. Anhang

Universitätsmedizin Berlin, Charité, Campus Virchow, Dep. of General-, Visceral- and Transplantation Surgery Universität Regensburg, Dep. of Surgery, Center for Liver Cell Research LM Universität München, Klinikum Grosshadern, Dep. of Surgery	Date: 09/2007
Standard Operation Procedure 02 - 00	Revision:
Seeding of primary human hepatocytes	Page: 4 / 7

4.2 Patterns of pipetting

6 well plate

Seeding:
2 ml / well
With 10 ml serological pipette

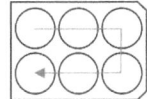

Performance: 1 step of pipetting

12 well plate

Seeding:
1 ml / well
With 5 ml serological pipette

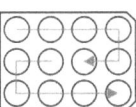

Performance: 2 steps of pipetting with homogenization[1] of the suspension after each step

24 well plate

Seeding:
1 ml / well
With 5 ml serological pipette

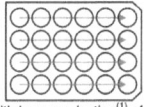

Performance: 4 steps of pipetting with homogenization[1] of the suspension after each step

48 well plate

Seeding:
1 ml / well
With 5 ml serological pipette

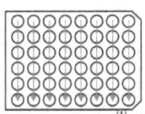

Performance: 8 steps of pipetting with homogenization[1] of the suspension after each step

96 well plate

Seeding:
0.2 ml / well
With 8 channel pipette

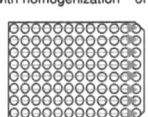

Performance: 12 steps of pipetting with homogenization[1] of the suspension after each step

---

[1] Put the serological pipette after each step of pipetting in a sterile and opened centrifuge tube (50 ml). Close the centrifuge tube or centrifuge beaker with the suspension and homogenize carefully the suspension by shaking overarm for three times. Take the required volume of suspension for the next pipetting step and transfer the homogen suspension speedy in the wells of the multiwell plate. Change the serological pipette after each plate.

6. Anhang

Universitätsmedizin Berlin, Charité, Campus Virchow, Dep. of General-, Visceral- and Transplantation Surgery Universität Regensburg, Dep. of Surgery, Center for Liver Cell Research LM Universität München, Klinikum Grosshadern, Dep. of Surgery	Date: 09/2007
Standard Operation Procedure 02 - 00	Revision:
Seeding of primary human hepatocytes	Page: 5 / 7

Table 2.1: Required numbers of cells and volumes for seeding with a density of 100.000 viable PHH/cm^2

Density = 100.000 viable PHH/cm^2

	6 well plate Area well= 9.6 cm^2 Number of PHH * 10^6	Medium [ml]	12 well plate Area well = 3.8 cm^2 Number of PHH * 10^6	Medium [ml]
Number of plates				
1	6.24	13	4.94	13
2	12.48	26	9.88	26
3	18.72	39	14.82	39
4	24.48	51	19.76	52
5	30.72	64	24.32	64
6	36.48	76	28.88	76
7	42.24	88	33.82	89
8	48.48	101	38.38	101
9	54.24	113	42.94	113
10	60.00	125	47.88	126

	24 well plate Area well = 2.0 cm^2 Number of PHH * 10^6	Medium [ml]	48 well plate Area well = 0.75 cm^2 Number of PHH * 10^6	Medium [ml]
Number of plates				
1	5.20	26	3.75	50
2	10.20	51	7.50	100
3	15.20	76	11.25	150
4	20.00	100	14.93	199
5	25.00	125	18.53	247
6	30.00	150	22.20	296
7	34.80	174	25.88	345
8	39.80	199	29.55	394
9	44.60	223	33.23	443
10	49.60	248	36.83	491

	96 well plate Area well = 0.32 cm^2 Number of PHH * 10^6	Medium [ml]
Number of plates		
1	3.2	20
2	6.4	40
3	9.6	60
4	12.8	80
5	16.0	100
6	19.2	120
7	22.4	140
8	25.6	160
9	28.8	180
10	32.0	200

Universitätsmedizin Berlin, Charité, Campus Virchow, Dep. of General-, Visceral- and Transplantation Surgery Universität Regensburg, Dep. of Surgery, Center for Liver Cell Research LM Universität München, Klinikum Grosshadern, Dep. of Surgery	Date: 09/2007
Standard Operation Procedure 02 - 00	Revision:
Seeding of primary human hepatocytes	Page: 6 / 7

Table 2.2: Required numbers of cells and volumes for seeding with a density of 120.000 viable PHH/cm^2

Density = 120.000 viable PHH/cm^2

	6 well plate Area well = 9.6 cm^2		12 well plate Area well = 3.8 cm^2	
Number of plates	Number of cells * 10^6	Medium [ml]	Number of cells * 10^6	Medium [ml]
1	7.49	13	5.93	13
2	14.98	26	11.86	26
3	22.46	39	17.78	39
4	29.38	51	23.71	52
5	36.86	64	29.18	64
6	43.78	76	34.66	76
7	50.69	88	40.58	89
8	58.18	101	46.06	101
9	65.09	113	51.53	113
10	72.00	125	57.46	126

	24 well plate Area well = 2.0 cm^2		48 well plate Area well = 0.75 cm^2	
Number of plates	Number of cells * 10^6	Medium [ml]	Number of cells * 10^6	Medium [ml]
1	6.24	26	4.50	50
2	12.24	51	9.00	100
3	18.24	76	13.50	150
4	24.00	100	17.91	199
5	30.00	125	22.23	247
6	36.00	150	26.64	296
7	41.76	174	31.05	345
8	47.76	199	35.46	394
9	53.52	223	39.87	443
10	59.52	248	44.19	491

	96 well plate Area well = 0.32 cm^2	
Number of plates	Number of PHH * 10^6	Medium [ml]
1	3.84	20
2	7.68	40
3	11.52	60
4	15.36	80
5	19.20	100
6	23.04	120
7	26.88	140
8	30.72	160
9	34.56	180
10	38.40	200

6. Anhang

Universitätsmedizin Berlin, Charité, Campus Virchow, Dep. of General-, Visceral- and Transplantation Surgery Universität Regensburg, Dep. of Surgery, Center for Liver Cell Research LM Universität München, Klinikum Grosshadern, Dep. of Surgery	Date: 09/2007
Standard Operation Procedure 02 - 00	Revision:
Seeding of primary human hepatocytes	Page: 7 / 7

Table 2.3: Required numbers of cells and volumes for seeding with a density of 150.000 viable PHH/cm^2

Density = 150.000 viable PHH/cm^2

	6 well plate Area well = 9.6 cm^2		12 well plate Area well = 3.8 cm^2	
Number of plates	Number of cells * 10^6	Medium [ml]	Number of cells * 10^6	Medium [ml]
1	9.36	13	7.41	13
2	18.72	26	14.82	26
3	28.08	39	22.23	39
4	36.72	51	29.64	52
5	46.08	64	36.48	64
6	54.72	76	43.32	76
7	63.36	88	50.73	89
8	72.72	101	57.57	101
9	81.36	113	64.41	113
10	90.00	125	71.82	126

	24 well plate Area well = 2.0 cm^2		48 well plate Area well = 0.75 cm^2	
Number of plates	Number of cells * 10^6	Medium [ml]	Number of cells * 10^6	Medium [ml]
1	7.80	26	5.63	50
2	15.30	51	11.25	100
3	22.80	76	16.88	150
4	30.00	100	22.39	199
5	37.50	125	27.79	247
6	45.00	150	33.30	296
7	52.20	174	38.81	345
8	59.70	199	44.33	394
9	66.90	223	49.84	443
10	74.40	248	55.24	491

	96 well plate Area well = 0.32 cm^2	
Number of plates	Number of PHH * 10^6	Medium [ml]
1	4.80	20
2	9.60	40
3	14.40	60
4	19.20	80
5	24.00	100
6	28.80	120
7	33.60	140
8	38.40	160
9	43.20	180
10	48.00	200

6.3 SOP 03 - 00
»Versenden von primären humanen Hepatozyten«

Universitätsmedizin Berlin, Charité, Campus Virchow, Dep. of General-, Visceral- and Transplantation Surgery Universität Regensburg, Dep. of Surgery, Center for Liver Cell Research LM Universität München, Klinikum Grosshadern, Dep. of Surgery	Date: 09/2007
Standard Operation Procedure 03 - 00	Revision:
Shipping of primary human hepatocytes	Page: 1 / 4

Network Systems Biology
HepatoSys

Index		Page
1	Aim	2
2	Scope and responsibilities	2
3	Material and equipment	2
3.1	Consumable material	2
3.2	Equipment	2
3.3	Hepatocyte incubation medium	2
4	Methodology	3
4.1	Procedure of shipping	3
4.2	Labeling of the package	4

Released:	Group leader
	PD Dr. med. N. Nüssler / Prof. Dr. rer. nat. A. Nüssler PD Dr. med. W. Thasler PD Dr. rer. nat. T. Weiss
Date	signature

6. Anhang

Universitätsmedizin Berlin, Charité, Campus Virchow, Dep. of General-, Visceral- and Transplantation Surgery Universität Regensburg, Dep. of Surgery, Center for Liver Cell Research LM Universität München, Klinikum Grosshadern, Dep. of Surgery	Date: 09/2007
Standard Operation Procedure 03 - 00	Revision:
Shipping of primary human hepatocytes	Page: 2 / 4

1 Aim

This Standard Operating Procedure describes shipping of primary human hepatocytes (PHH) in multiwell plates.

2 Scope and responsibilities

All BMBF - project „HepatoSys"- collaborators should follow this SOP. The group leader is responsible for the validation of this SOP. All involved collaborators must comply with this SOP and must received adequate training and instructions of this procedure.

3 Material and equipment

3.1 Consumable material

Material	Company	Order number
Bag for delivery note	Printus	624916
Bag for plates	Roth	P280.1
Brownish tape	e.g. Printus	173724
Fabric tabe	Hartenstein	K25B
Heat pack	Schaumaplast Reilingen	TGP46
Polystyrene box	Goods receiving department	-
Polystyrene flakes	e.g. Printus	533794
Sealing tape	Roth	EN77.1
Serological pipette	Corning	e.g. 4487

3.2 Equipment

Equipment	Company	Order number
Sealing roller	Roth	HE23.1

3.3 Hepatocyte incubation medium

For preparation of hepatocyte incubation medium see SOP 01 - 00 (5.1.1).

6. Anhang

Universitätsmedizin Berlin, Charité, Campus Virchow, Dep. of General-, Visceral- and Transplantation Surgery Universität Regensburg, Dep. of Surgery, Center for Liver Cell Research LM Universität München, Klinikum Grosshadern, Dep. of Surgery	Date: 09/2007
Standard Operation Procedure 03 - 00	Revision:
Shipping of primary human hepatocytes	Page: 3 / 4

4 Methodology

4.1 Procedure of shipping

1. Disinfect the heat packs one day before shipping with 70% isopropanol and put them in a 37°C-incubator. (*optional*: Put heat packs on shipping day for 4 - 5 h in a 37°C-waterbath.).

2. Call GO! (at the latest 6:00 p.m.) and place an order. Inform GO! about the following details:
   - Customer number
   - Mode of dispatch[1]
     Overnight *without* fixed date or overnight *with* fixed date
   - Address from shipper and recipient
   - Place and time of pickup

3. Change medium 1 – 2 h before pickup (fill the wells with medium till half, compare to table 1).

4. Mark each plate with the batch number top left.

5. Seal the plates sterile with sealing tape and sealing roller.
6. Check closeness by lateral tilting at 45 to 90°[2].

7. Put plates individual in bags and fix them stacked with fabric tape.

8. Put stacked plates, heat packs and packing material (polystyrene flakes) in a polystyrene box[3].

9. Apply the delivery note.

10. Label the package for shipping (see below).

Table 1: Volumes of medium for shipping

Size	V (medium for shipping) per well [ml]
6 well	7
12 well	4
24 well	2
48 well	1
96 well	0,2

[1] Mark "Weekend Delivery" by shipping from Friday to Saturday or from weekday to public holiday at house way bill from GO!.
[2] Don't put sealed plates in the incubator again. The humidity reduces the agglomerating power of the sealing tape.
[3] Put four heat packs in the package in order to get enough heat reservoir (approx. 2400 cm^3). The volume of one heat pack is approx. 600 cm^3. As far as possible use polystyrene boxes with an internal edge length of maximal 30 cm.

6. Anhang

Universitätsmedizin Berlin, Charité, Campus Virchow, Dep. of General-, Visceral- and Transplantation Surgery Universität Regensburg, Dep. of Surgery, Center for Liver Cell Research LM Universität München, Klinikum Grosshadern, Dep. of Surgery	Date: 09/2007
Standard Operation Procedure 03 - 00	Revision:
Shipping of primary human hepatocytes	Page: 4 / 4

4.2 Labeling for shipping

Place the following information and labels eye catching on the package.

<u>Top</u>:

- House way bill from GO!
- „Oben"
- „NICHT KIPPEN! NICHT WERFEN! VORSICHT ZERBRECHLICH!"

<u>On the side</u>:

- Logo HepatoSys

- Arrows (this side up)

- UN-Number 3373

- „Biologisches Untersuchungsgut" (violet)

Danksagung

Ich danke Herrn Prof. Dr. Ulrich Zanger für die Bereitstellung des interessanten Themas und den Möglichkeiten zur Durchführung dieser Arbeit. Außerdem danke ich ihm für die wissenschaftliche Betreuung, seine wertvollen Anregungen und Gespräche.
Herrn Prof. Dr. Lutz Graeve gilt mein Dank für die Bereitschaft, der Betreuung der Dissertation von Seiten der Universität Hohenheim und für die Begutachtung meiner Arbeit. Herrn Prof. Dr. Donatus Nohr danke ich für die Übernahme des Koreferats.

Ganz besonders möchte ich mich bei meiner Kollegin Dr. Kathrin Klein für die fachlichen Ratschläge, intensive Diskussionen und das angenehme Arbeitsklima in unserem Büro über den ganzen Zeitraum bedanken. Für die immer interessierte und konstruktive Kritik sowie die fachkundigen Tipps und Aufmunterungen.
Für die Zusammenarbeit in der Analytik und beim Aufbau der analytischen Methoden danke ich Frau Dr. Ute Hofmann, Sonja Seefried und Monika Seiler. Frau Dr. Maria Thomas und Shiromi Baier danke ich für die gute und sich ergänzende Zusammenarbeit bei der Etablierung der viralen RNAi-Methode.
Meinem Kollegen Stephan Riedmaier danke ich sehr für die fachlich objektiven sowie immer interessanten Gespräche in den Allwetter-Freiluftkaffeepausen der vergangenen Jahren. Den Arbeitskollegen Igor Liebermann und Britta Klump danke ich für den Beistand bei technischen Fragen und die Unterstützung zum Erlernen der praktischen Grundlagen. Außerdem möchte ich mich bei der gesamten AG Zanger und dem restlichen Labor- und IKP-Team für die nette Arbeitsatmosphäre und ständige Hilfsbereitschaft bedanken.

Dr. Martin Kriebel vom NMI in Reutlingen danke ich ganz besonders für die Vorbereitung und Anleitung der Produktion von Lentiviren. Außerdem für die Bereitstellung der Plasmide und Hilfe bei der S2-Antragsstellung.

Einen »Herzlichen Dank« möchte ich hier nochmals an alle Kooperationspartner der drei Kliniken (Universitätsmedizin Berlin, Charité, Campus Virchow, Dep. of General-,Visceral- and Transplantation Surgery; LM Universität München, Klinikum Grosshadern, Dep. of Surgery; Universität Regensburg, Dep. of Surgery, Center for Liver Cell Research) für die gute und reibungslose Zusammenarbeit aussprechen, ohne die meine Experimente mit den primären humanen Hepatozyten nicht möglich gewesen wären.

Bobby danke ich für die vielen aufmunternden E-Mails.

Danksagung

Ein weiterer Dank gilt meinen Freunden und Sportkollegen für das Verständnis, wenn ich mal wieder nicht zu einem Treffen kommen konnte, weil das Arbeiten mal doch wieder länger gedauert hat.
Für die jederzeitige Leihgabe des Autos danke ich meiner Mutter und Peter, die mir damit die Wochenendarbeitstage um vieles angenehmer gemacht haben.

Zuletzt möchte ich meinen Eltern danken, die mich auf meinem Lebensweg immer unterstützt haben und, ohne die ich nicht in die Lage gekommen wäre, diese Dissertation anfertigen zu können. Ihnen ist daher diese Arbeit gewidmet.

Die VDM Verlagsservicegesellschaft sucht für wissenschaftliche Verlage abgeschlossene und herausragende

Dissertationen, Habilitationen, Diplomarbeiten, Master Theses, Magisterarbeiten usw.

für die kostenlose Publikation als Fachbuch.

Sie verfügen über eine Arbeit, die hohen inhaltlichen und formalen Ansprüchen genügt, und haben Interesse an einer honorarvergüteten Publikation?

Dann senden Sie bitte erste Informationen über sich und Ihre Arbeit per Email an *info@vdm-vsg.de*.

Sie erhalten kurzfristig unser Feedback!

VDM Verlagsservicegesellschaft mbH
Dudweiler Landstr. 99   Telefon +49 681 3720 174
D - 66123 Saarbrücken   Fax   +49 681 3720 1749
www.vdm-vsg.de

Die VDM Verlagsservicegesellschaft mbH vertritt

Printed by Books on Demand GmbH, Norderstedt / Germany